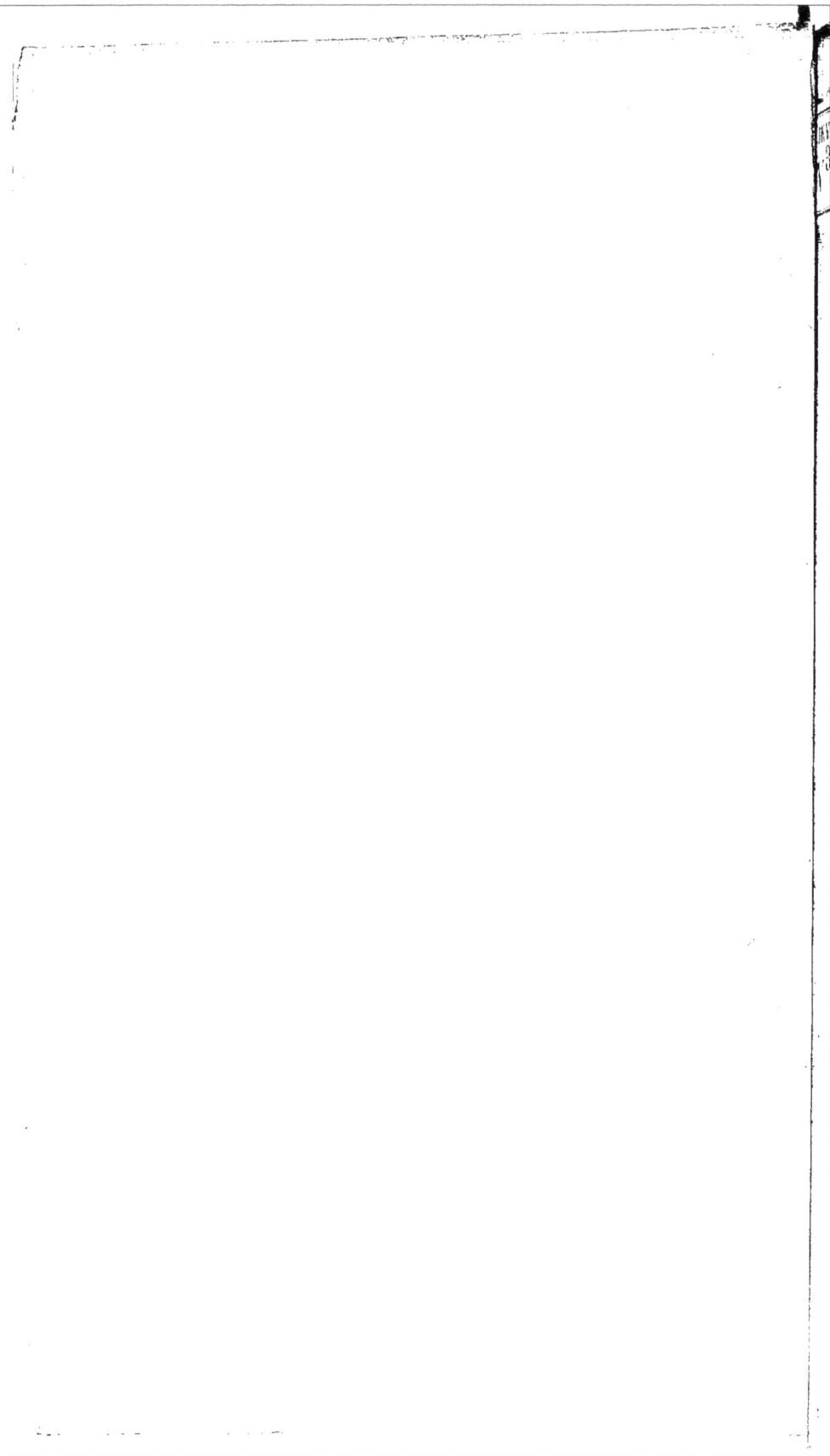

AUX OUVRIERS MÉCANICIENS

TABLEAU PRATIQUE

POUR

La Racine Carrée et la Racine Cubique

DE TOUS LES NOMBRES

Servant au Praticien pour parcourir tous les Ouvrages
spéciaux qui circulent en France sur la Construction et
le Calcul des Machines à Vapeur, Roues Hydrauliques, etc.

NOMBREUSES APPLICATIONS A LA CONSTRUCTION

PAR

L. AUDIBERT

PRIX : 1 FR. 50

HAVRE
Imprimerie Lepelletier, Place Louis Philippe, 12
1858

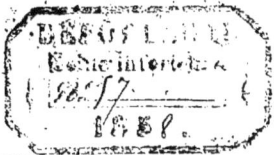

AUX OUVRIERS MÉCANICIENS

TABLEAU PRATIQUE

POUR

La Racine Carrée et la Racine Cubique

DE TOUS LES NOMBRES

Servant au Praticien pour parcourir tous les Ouvrages
spéciaux qui circulent en France sur la Construction et
le Calcul des Machines à Vapeur, Roues Hydrauliques, etc.

NOMBREUSES APPLICATIONS A LA CONSTRUCTION

PAR

L. AUDIBERT

HAVRE

Imprimerie Lepelletier, Place Louis Philippe, 12

1858

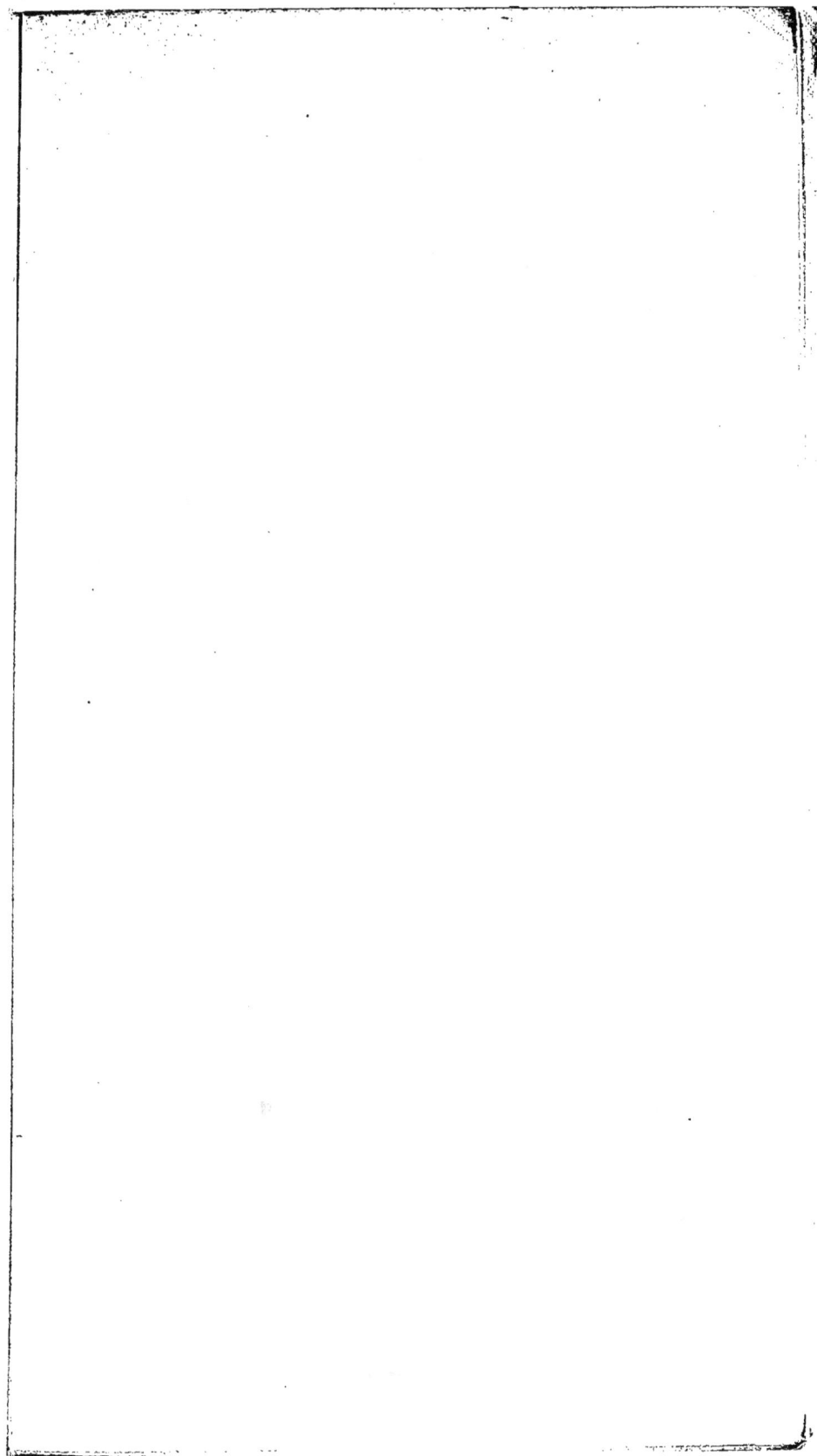

Racine Carrée.

Nombre	Racine carrée	Nombre	Racine carrée	Nombre	Racine carrée	Nombre	Racine carrée	Nombre	Racine carrée	Nombre	Racine carrée
1 ..	1	6,1	2,47	15,4	3,93	30,6	5,54	49,5	7,04	75 ..	8,66
1,1	1,05	6,2	2,49	15,6	3,95	31 ..	5,57	50 ..	7,07	75,5	8,70
1,2	1,09	6,3	2,51	15,8	3,98	31,3	5,60	50,5	7,11	76 ..	8,72
1,3	1,14	6,4	2,53	16 ..	4	31,6	5,63	51 ..	7,14	76,5	8,75
1,4	1,18	6,5	2,55	16,2	4,03	32 ..	5,66	51,5	7,18	77 ..	8,79
1,5	1,23	6,6	2,57	16,4	4,06	32,3	5,69	52 ..	7,21	77,5	8,84
1,6	1,27	6,7	2,59	16,6	4,08	32,6	5,72	52,5	7,25	78 ..	8,83
1,7	1,31	6,8	2,61	16,8	4,10	33 ..	5,75	53 ..	7,28	78,5	8,86
1,8	1,34	6,9	2,63	17 ..	4,12	33,3	5,78	53,5	7,32	79 ..	8,89
1,9	1,38	7 ..	2,65	17,2	4,15	33,6	5,81	54 ..	7,35	79,5	8,92
2,..	1,41	7,2	2,68	17,4	4,18	34 ..	5,84	54,5	7,39	80 ..	8,95
2,1	1,45	7,4	2,72	17,6	4,20	34,3	5,86	55 ..	7,42	80,5	8,98
2,2	1,48	7,6	2,76	17,8	4,22	34,6	5,89	55,5	7,45	81 ..	9
2,3	1,52	7,8	2,79	18 ..	4,24	35 ..	5,92	56 ..	7,48	81,5	9,04
2,4	1,55	8 ..	2,83	18,3	4,28	35,3	5,95	56,5	7,52	82 ..	9,06
2,5	1,58	8,2	2,86	18,6	4,32	35,6	5,98	57 ..	7,55	82,5	9,09
2,6	1,61	8,4	2,90	19 ..	4,36	36 ..	6	57,5	7,59	83 ..	9,11
2,7	1,64	8,6	2,93	19,3	4,40	36,3	6,03	58 ..	7,62	83,5	9,14
2,8	1,67	8,8	2,97	19,6	4,44	36,6	6,06	58,5	7,65	84 ..	9,17
2,9	1,70	9 ..	3	20 ..	4,48	37 ..	6,09	59 ..	7,68	84,5	9,20
3,...	1,73	9,2	3,03	20,3	4,51	37,3	6,12	59,5	7,71	85 ..	9,22
3,1	1,76	9,4	3,07	20,6	4,55	37,6	6,14	60 ..	7,75	85,5	9,25
3,2	1,79	9,6	3,10	21 ..	4,58	38 ..	6,17	60,5	7,78	86 ..	9,27
3,3	1,82	9,8	3,13	21,3	4,62	38,3	6,19	61 ..	7,81	86,5	9,30
3,4	1,85	10 ..	3,16	21,6	4.65	38,6	6,22	61,5	7,85	87 ..	9,33
3,5	1,87	10,2	3,19	22 ..	4,69	39 ..	6,25	62 ..	7,88	87,5	9,35
3,6	1,90	10,4	3,23	22,3	4,73	39,3	6,27	62,5	7,91	88 ..	9,38
3,7	1,92	10,6	3,26	22,6	4,76	39,6	6,30	63 ..	7,94	88,5	9,41
3,8	1,95	10,8	3,29	23 ..	4,80	40 ..	6,33	63,5	7,97	89 ..	9,43
3,9	1,97	11 ..	3,32	23,3	4,83	40,3	6,36	64 ..	8	89,5	9,46
4,..	2	11,2	3,35	23,6	4,86	40,6	6,38	64,5	8,03	90 ..	9,49
4,1	2,03	11,4	3,38	24 ..	4,90	41 ..	6,41	65 ..	8,06	90,5	9,52
4,2	2,05	11,6	3,41	24,3	4,93	41,3	6,43	65,5	8.10	91 ..	9,54
4,3	2,07	11,8	3,44	24,6	4,96	41,6	6,46	66 ..	8,13	91,5	9,56
4,4	2,10	12 ..	3,46	25 ..	5	42 ..	6,49	66,5	8,16	92 ..	9,59
4,5	2,12	12,2	3,49	25,3	5,04	42,3	6,51	67 ..	8,19	92,5	9,62
4,6	2,15	12,4	3,52	25.6	5,07	42,6	6,54	67,5	8,22	93 ..	9,64
4,7	2,17	12,6	3,55	26 ..	5,10	43 ..	6,57	68 ..	8,25	93,5	9,68
4,8	2,19	12,8	3,58	26,3	5,13	43,3	6,58	68,5	8,28	94 ..	9,70
4,9	2,21	13 ..	3,61	26,6	5,16	43,6	6,61	69 ..	8,31	94,5	9,73
5,..	2,24	13,2	3,64	27 ..	5,20	44 ..	6,64	69,5	8,35	95 ..	9,75
5,1	2,26	13,4	3,66	27,3	5.23	44,5	6,67	70 ..	8,37	95,5	9,78
5,2	2,28	13,6	3,69	27,6	5,26	45 ..	6,71	70,5	8,41	96 ..	9,80
5,3	2,30	13,8	3,72	28 ..	5,30	45,5	6,75	71 ..	8,43	96,5	9,83
5,4	2,32	14 ..	3,74	28,3	5,32	46 ..	6,78	71,5	8,46	97 ..	9,85
5,5	2,35	14,2	3,77	28,6	5,35	46,5	6,82	72 ..	8,49	97,5	9,87
5,6	2,37	14,4	3,80	29 ..	5,39	47 ..	6,86	72,5	8,52	98 ..	9,90
5,7	2,39	14,6	3,82	29,3	5,42	47,5	6,90	73 ..	8,55	98,5	9,93
5,8	2,41	14,8	3,85	29,6	5,45	48 ..	6,93	73,5	8,58	99 ..	9,95
5,9	2,43	15 ..	3,87	30 ..	5,48	48,5	6,97	74 ..	8,60	99,5	9,98
6 ..	2,45	15,2	3,90	30,3	5,51	49 ..	7	74,5	8,64	100 ..	10

Racine Cubique.

Nombre	Racine cubique	Nombre	Racine cubique	Nombre	Racine cubique	Nombre	Racine cubique	Nombre	Racine cubique	Nombre	Racine cubique
1 ..	1	26..	2,96	77	4,26	240	6,22	495	7,91	750	9,09
1,1	1,03	27..	3	78	4,27	245	6,26	500	7,94	755	9,11
1,2	1,06	28..	3,04	79	4,29	250	6,30	505	7,96	760	9,13
1,3	1,09	29..	3,07	80	4,31	255	6,34	510	7,99	765	9,15
1,4	1,12	30..	3,11	81	4,33	260	6,38	515	8,02	770	9,17
1,5	1,14	31..	3,14	82	4,35	265	6,42	520	8,04	775	9,19
1,6	1,17	32.	3,18	83	4,36	270	6,46	525	8,07	780	9,21
1,7	1,19	33..	3,21	84	4,38	275	6,50	530	8,09	785	9,23
1,8	1,22	34..	3,24	85	4,40	280	6,54	535	8,12	790	9,25
1,9	1,24	35..	3,27	86	4,42	285	6,58	540	8,14	795	9,27
2 ..	1,26	36..	3,30	87	4,43	290	6,62	545	8,17	800	9,28
2,2	1,30	37..	3,33	88	4,45	295	6,66	550	8,19	805	9,30
2,4	1,34	38..	3,36	89	4,46	300	6,70	555	8,22	810	9,32
2,6	1,38	39.	3,39	90	4,48	305	6,73	560	8,24	815	9,34
2,8	1,41	40..	3,42	91	4,50	310	6,77	565	8,27	820	9,36
3 ..	1,44	41..	3,45	92	4,52	315	6,81	570	8,29	825	9,38
3,3	1,49	42..	3,48	93	4,53	320	6,84	575	8,32	830	9,40
3,6	1,54	43..	3,51	94	4,55	325	6,88	580	8,34	835	9,42
4 ..	1,59	44..	3,53	95	4,56	330	6,91	585	8,36	840	9,44
4,3	1,63	45..	3,56	96	4,58	335	6,95	590	8,39	845	9,46
4,6	1,66	46..	3,58	97	4,60	340	6,98	595	8,41	850	9,47
5 ..	1,71	47..	3,61	98	4,61	345	7,02	600	8,44	855	9,49
5,3	1,74	48..	3,64	99	4,63	350	7,05	605	8,46	860	9,51
5,6	1,78	49.	3,66	100	4,64	355	7,08	610	8,48	865	9,53
6 ..	1,82	50..	3,69	105	4,72	360	7,12	615	8,51	870	9,55
6,3	1,85	51..	3,71	110	4,79	365	7,15	620	8,53	875	9,57
6,6	1,88	52..	3,73	115	4,86	370	7,18	625	8,55	880	9,58
7 ..	1,91	53..	3,76	120	4,93	375	7,21	630	8,57	885	9,60
7,3	1,94	54..	3,78	125	5	380	7,24	635	8,60	890	9,62
7,6	1,97	55..	3,80	130	5,07	385	7,28	640	8,62	895	9,64
8 ..	2	56..	3,83	135	5,13	390	7,31	645	8,64	900	9,66
8,3	2,03	57..	3,85	140	5,19	395	7,34	650	8,66	905	9,67
8,6	2,05	58..	3,87	145	5,25	400	7,37	655	8,69	910	9,69
9 ..	2,08	59..	3,89	150	5,31	405	7,40	660	8,71	915	9,71
9,5	2,12	60..	3,92	155	5,37	410	7,43	665	8,73	920	9,73
10 ..	2,16	61..	3,94	160	5,43	415	7,46	670	8,75	925	9,74
11 ..	2,22	62..	3,96	165	5,49	420	7,49	675	8,77	930	9,76
12 ..	2,29	63..	3,98	170	5,54	425	7,52	680	8,80	935	9,78
13 ..	2,35	64..	4	175	5,59	430	7,55	685	8,82	940	9,80
14 ..	2,41	65..	4,02	180	5,65	435	7,58	690	8,84	945	9,81
15 ..	2,47	66..	4,04	185	5,70	440	7,61	695	8,86	950	8,83
16 ..	2,52	67..	4,06	190	5,75	445	7,64	700	8,88	955	9,85
17 ..	2,57	68..	4,08	195	5,80	450	7,66	705	8,90	960	9,87
18 ..	2,62	69..	4,10	200	5,85	455	7,69	710	8,92	965	9,88
19 ..	2,67	70..	4,12	205	5,90	460	7,72	715	8,94	970	9,90
20 ..	2,72	71..	4,14	210	5,94	465	7,75	720	8,96	975	9,92
21 ..	2,76	72..	4,16	215	5,99	470	7,78	725	8,98	980	9,94
22 ..	2,80	73..	4,18	220	6,04	475	7,80	730	9,01	985	9,95
23 ..	2,84	74..	4,20	225	6,08	480	7,83	735	9,03	990	9,97
24 ..	2,89	75..	4,22	230	6,13	485	7,86	740	9,05	995	9,98
25 ..	2,93	76..	4,24	235	6,17	490	7,89	745	9,07	1000	10

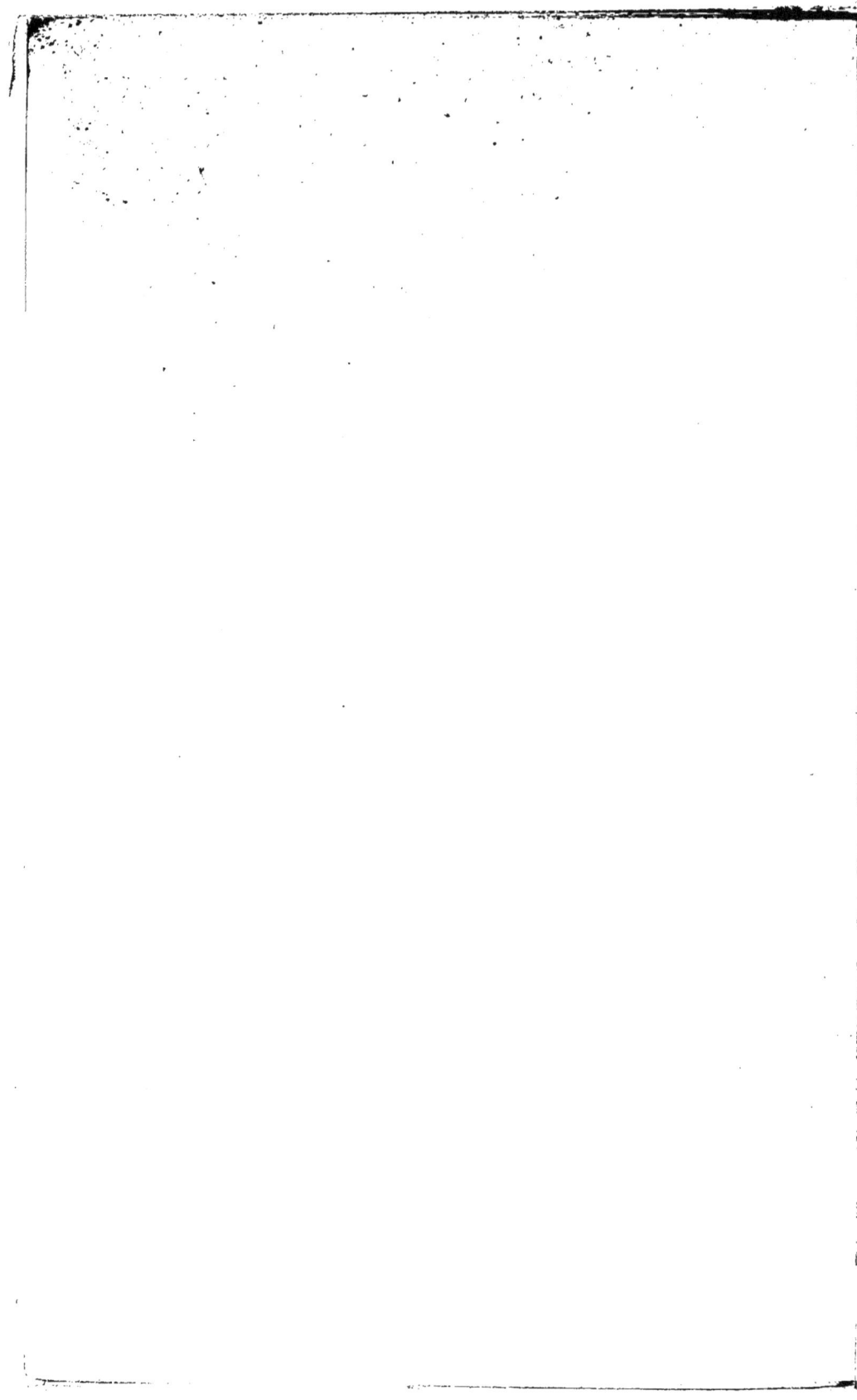

But du Tableau suivant

En général les Ouvriers Mécaniciens ont la connaissance des quatre Règles d'Arithmétique et les notions de Géométrie. Avec ces connaissances seules, ils ne peuvent parcourir les Ouvrages spéciaux qui circulent en France, sur la Construction et le Calcul des Machines à Vapeur, Roues hydrauliques, etc., car on y rencontre souvent la racine carrée et la racine cubique, lesquelles, apprises méthodiquement, sont impraticables d'abord, puis capables de dégoûter pour toujours du calcul l'Ouvrier constructeur.

Les quelques applications que nous exposons sur la construction donnent un aperçu de l'utilité du Tableau des Racines, comme aussi sa suffisante exactitude, pour tous les cas, dans la pratique.

Il est donné à la suite du Tableau des Principes indispensables pour résoudre toutes les applications.

Nous renverrons le lecteur qui veut poursuivre nos applicacations, aux Ouvrages spéciaux. Tels sont : *L'Aide-Mémoire* de M. MORIN, destiné aux Ingénieurs ; l'ouvrage de M. ARMENGAUD, à l'usage des Praticiens, etc.

Pour tous les Ouvrages Scientifiques, on s'adresse à la grande Librairie de M. LACROIX-COMON, quai Malaquais, 15, à Paris. (Au besoin, on peut demander le Catalogue de la Librairie.)

NOTA. -- Les opérations étant effectuées à l'aide de la règle à calcul, on ne devrait pas s'étonner si quelquefois le dernier chiffre ne coïncidait pas avec celui trouvé en effectuant l'opération naturellement ; la différence est, du reste, insignifiante, comme on le verra, et cette observation n'a pour but que de prévenir le lecteur.

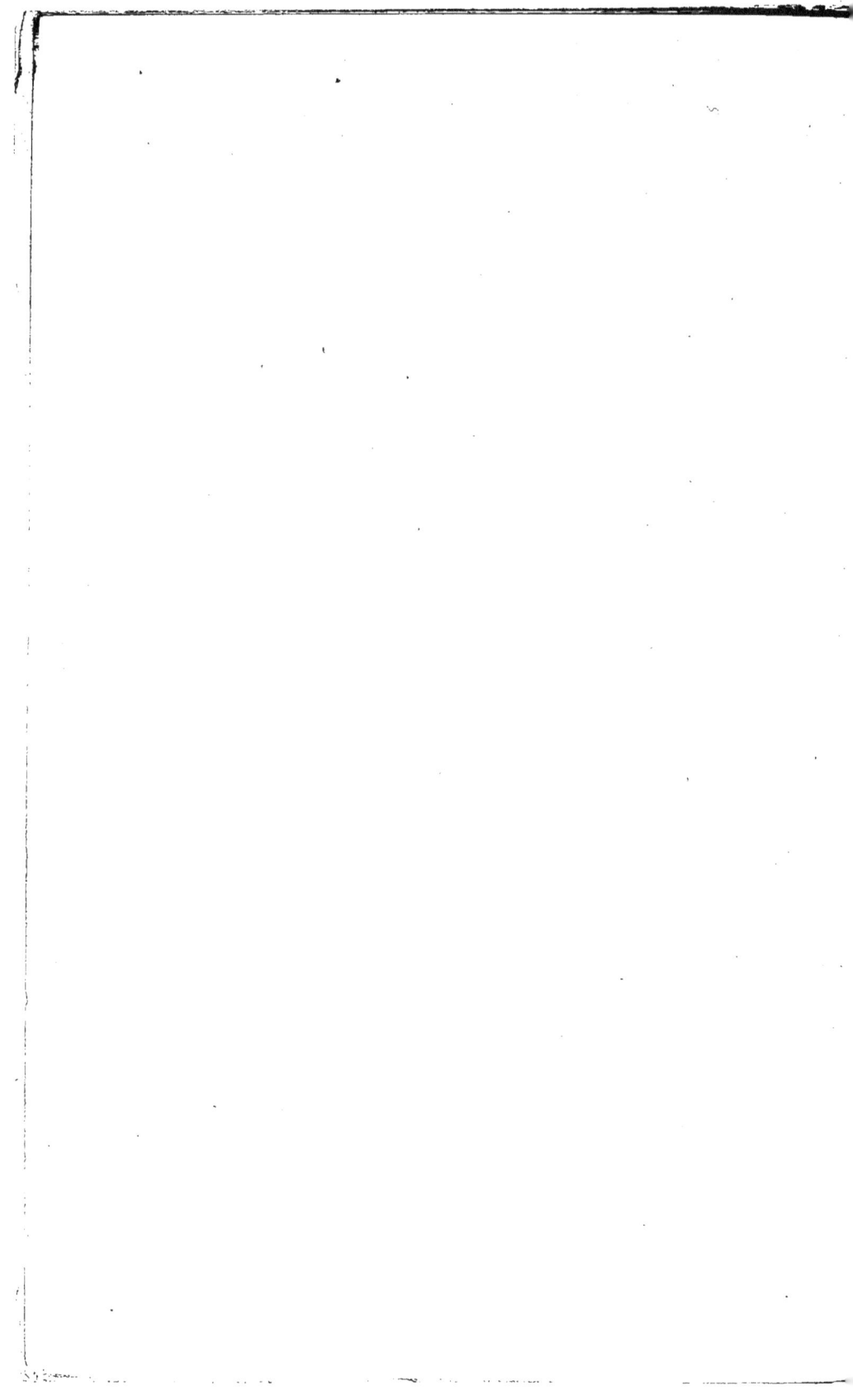

Règle générale pour extraire la Racine carrée et la Racine cubique de tous les nombres.

2 On divise, pour tous les cas, le nombre proposé en tranches de deux chiffres pour la racine carrée, et en tranches de trois chiffres pour la racine cubique à partir de la virgule, allant vers la gauche pour les nombres entiers et décimaux, et vers la droite pour les fractions décimales; après quoi on considère la première tranche significative de gauche, on la cherche dans la colonne des nombres, en regard on trouve la racine carrée ou cubique, suivant le tableau qu'on a considéré; la racine du nombre total se compose des mêmes chiffres, mais on prendra autant de chiffres entiers qu'on aura obtenu de tranches dans le nombre proposé.

Les fractions décimales auront une fraction décimale pour racine, mais qui n'aura devant le premier chiffre significatif qu'un nombre de zéros marqué par le nombre de tranches de zéros de la fraction décimale proposée.

Exemples des racines carrées.

3 Nombres entiers.— Trouver la racine carrée du nombre entier 575000 : on partage en tranches de 2 chiffres on a 57,50,00, la 1re tranche significative est 57, que l'on considère comme 57 unités, on cherche dans la colonne des nombres 57,5 on trouve en regard 7,59 pour sa racine carrée, celle du nombre total se compose des mêmes chiffres, mais nous aurons 3 chiffres entiers, parce que nous avons trois tranches dans le nombre proposé.

Donc racine carrée de 575000 égale 759.

Nombres décimaux.— Trouver la racine carrée du nombre décimal 8,46.

On trouve dans le tableau. $\begin{cases} \text{Racine carrée de } 8,40 = 2,90. \\ \text{Racine carrée de } 8,60 = 2,93. \end{cases}$

La racine carrée du nombre proposé sera comprise entre ces deux racines.

Donc racine carrée de 8,46 égale 2,91 environ.

FRACTIONS DÉCIMALES.— Trouver la racine carrée de la fraction décimale 0,00000543 : on partage en tranches de 2 chiffres, on a 0,00,00,05,43, la 1re tranche significative est 5, que l'on considère comme 5 unités, on cherche la racine carrée de 5,43, on trouve 2,33 environ, celle de la fraction proposée se composera des mêmes chiffres et aura deux zéros devant le 1er chiffre significatif, parce que nous avons deux tranches de zéros dans la fraction proposée ;

Donc racine carrée de 0,00000543 égale 0,00233.

Exemples des racines cubiques.

4 NOMBRES ENTIERS. — Trouver la racine cubique du nombre entier 74500000 : on partage en tranches de 3 chiffres ; on a 74,500,000, la 1re tranche significative est 74, on cherche la racine cubique de 74,5 on trouve 4,21 ; celle du nombre total se composera des mêmes chiffres, mais nous aurons 3 chiffres entiers car nous avons 3 tranches dans le nombre proposé.

Donc racine cubique de 74500000 égale 421.

NOMBRES DÉCIMAUX. — Trouver la racine cubique du nombre décimal 84,6.

On trouve dans le tableau.
Racine cubique de 84 = 4,38.
Racine cubique de 85 = 4,40.

La racine cubique du nombre proposé sera comprise entre ces deux racines.

Donc racine cubique de 84,6 égale 4,39.

FRACTIONS DÉCIMALES. — Trouver la racine cubique de la fraction décimale 0,00000745 : on divise en tranches de 3 chiffres, on a 0,000,007,45 ; la 1re tranche significative est 7 que l'on considère comme 7 unités ; on cherche la racine cubique de 7,45, on trouve 1,96, celle de la fraction décimale proposée se composera des mêmes chiffres, mais il y aura un zéro devant le 1er chiffre significatif, car nous avons une tranche de zéros dans le nombre proposé.

Donc racine cubique de 0,00000745 égale 0,0196.

Autres exemples.

5 La racine carrée et la racine cubique s'indiquent par le même signe $\sqrt{\ }$; seulement pour la racine cubique on place le chiffre 3 dans l'ouverture du $\sqrt{\ }$

La racine carrée de tous les nombres se présente sous les 6 formes suivantes :

NOMBRES ENTIERS	NOMBRES DÉCIMAUX	FRACTIONS DÉCIMALES
$\sqrt{572} = 24$	$\sqrt{5,72} = 2,4$	$\sqrt{0,000572} = 0,024$
$\sqrt{5720} = 75,7$	$\sqrt{57,20} = 7,57$	$\sqrt{0,0000572} = 0,00757$

La racine cubique de tous les nombres se présente sous les 9 formes suivantes :

NOMBRES ENTIERS	NOMBRES DÉCIMAUX	FRACTIONS DÉCIMALES
$\sqrt[3]{7450} = 19,6$	$\sqrt[3]{7,45} = 1,96$	$\sqrt[3]{0,00000745} = 0,0196$
$\sqrt[3]{74500} = 42$	$\sqrt[3]{74,5} = 4,20$	$\sqrt[3]{0,0000745} = 0,042$
$\sqrt[3]{745000} = 90,7$	$\sqrt[3]{745,48} = 9,07$	$\sqrt[3]{0,000745} = 0,0907$

6 Avant de donner les applications qui font voir les avantages que l'on peut tirer de la connaissance de ce tableau, je vais exposer quelques principes d'ailleurs indispensables pour les comprendre.

Le signe $+$ signifie *plus* et indique l'addition : $5 + 7$ s'énonce 5 plus 7.

Le signe $-$ signifie *moins* et indique la soustraction : $9 - 4$ s'énonce 9 moins 4.

Le signe $\times$ signifie *multiplié par* et indique la multiplication : 3×5 s'énonce 3 multiplié par 5.

Le signe : ou $\div$ signifie *divisé par*, indique la division ; $15 : 5$ ou $\dfrac{15}{5}$ s'énonce 15 divisé par 5.

Le signe $=$ signifie égal, se place entre deux expressions pour indiquer leur égalité : $5 + 7 = 12$.

On appelle *coefficient* tout nombre qui précède une quantité et indique combien de fois elle doit être ajoutée : $3\,a = a + a + a$; 3 est le coefficient de a.

EXPOSANT.— Le nombre placé à droite et un peu au-dessus d'une quantité indique le nombre de fois qu'elle doit être multipliée : $a^3 = a \times a \times a$; 3 est l'exposant de a.

CARRÉ D'UN NOMBRE. — Ce nombre multiplié par lui-même ; si on veut indiquer le carré de 3 on écrira 3^2 qui égale $3 \times 3 = 9$.

CUBE D'UN NOMBRE.— Ce nombre pris trois fois comme facteur ; si on veut indiquer le cube de 5 on écrira 5^3 qui égale $5 \times 5 \times 5 = 125$.

RACINE CARRÉE D'UN NOMBRE. — Une quantité qui, multipliée par elle-même, produit ce nombre ; si on veut indiquer la racine carrée de 9 on écrira $\sqrt{9}$ qui égale 3, car $3 \times 3 = 9$.

RACINE CUBIQUE D'UN NOMBRE.— Une quantité qui, prise trois fois comme facteur, reproduit ce nombre ; si on veut indiquer la racine cubique de 125 on écrira $\sqrt[3]{125}$ qui égale 5, car $5 \times 5 \times 5 = 125$.

Si on avait $d^2 = 9$ ce serait l'indication que 9 est le carré de d et que pour avoir la valeur de d il faut extraire la racine carrée de 9......$d = \sqrt{9} = 3$

Si on avait $d^3 = 125$ ce serait l'indication que 125 est le cube de d et pour avoir d il faut extraire la racine cubique de 125.. $d = \sqrt[3]{125} = 5$

On appelle *égalité* une ou plusieurs quantités séparées par le signe $=$ ainsi $4 + 7 = 20 - 9$ qui signifie que 4 plus 7 égale 20 moins 9.

PREMIER MEMBRE. — Toutes les quantités qui sont à gauche du signe égal.

SECOND MEMBRE.— Toutes les quantités qui sont à droite de ce même signe.

7 UNE FORMULE. — Est une expression qui indique clairement les opérations à effectuer pour résoudre une question, un problème.

Exemple d'une formule $v = \dfrac{d^2\,h}{1,273}$

Cette formule sert à résoudre la question suivante :

Trouver le volume d'un cylindre dont on connaît le diamètre et la hauteur, dans laquelle d représente le diamètre du cylindre, h la hauteur et v le volume, on voit que les deux premières valeurs sont données par la question, ce qui permet de déterminer la troisième. Les chiffres qui rentrent dans une formule comme ici, 1,273, ne doivent jamais être changés pour toutes les questions quelle peut résoudre.

Comme on le voit, les lettres représentent une certaine valeur qui dépend de la question posée.

La lettre placée à gauche du signe = représente la quantité que l'on veut déterminer, et l'expression qui est à droite de ce signe, les calculs à effectuer pour résoudre la question, c'est-à-dire rien que des quantités connues.

Lorsqu'on voudra résoudre une question, connaissant la formule qui s'y applique, il suffira de remplacer les lettres du second membre par leurs valeurs numériques, données par la question, alors seulement on effectue les calculs indiqués.

APPLICATION.— On veut savoir la quantité d'eau que peut fournir une pompe dont le diamètre du cylindre est de $0,30\overset{m}{}$, et la course de son piston de $0,40\overset{m}{}$.

Volume du corps de pompe

$d = 0,30\overset{m}{}$ $^{(1)}$

$h = 0,40\overset{m}{}$ Formule $v = \dfrac{d^2h}{1,273} = \dfrac{(0,30)^2 \times 0,40}{1,273} = \dfrac{0,30 \times 0,30 \times 0,40}{1,273} = 0,0254\;^{m.c.c.}$ ou $25,4\;^{lit}$

v volume en mètres cubes s'indique par $m.c.c.$

---

(1) (0.30)² indique 0,30 × 0,30 ou bien 0,30 élevé au carré
(0,30)³ indique 0,30 × 0,30 × 0,30 ou bien 0,30 élevé au cube.

Chaque fois que le piston montera, il élevera 25,^{lit}4 d'eau, au maximum. On écrit les expressions numériques toujours à la suite de la formule, en les séparant par le signe égale; on a obtenu la première en remplaçant simplement les lettres par leur valeur; dans la seconde, on a effectué le carré, et enfin on a réduit le tout en un seul nombre en effectuant les calculs.

Il faut remarquer que $d^2 h = d^2 \times h$, car deux lettres l'une à coté de l'autre indiquent la multiplication, le trait — indique la division.

2me Exemple. — On veut savoir la quantité de vapeur que dépense une machine dont le diamètre du cylindre est de $\overset{m}{0,80}$ et la course de son piston $\overset{m}{1,80}$.

$$\text{volume du cylindre } (^1)$$

$\overset{m}{d} = 0,80$

$\overset{m}{h} = 1,80$ Formule $v = \dfrac{d^2 h}{1,273} = \dfrac{(0,80)^2 \times 1,80}{1,273} = \dfrac{0,80 \times 0,80 \times 1,80}{1,273} \overset{m.c.c.}{=} 0,900$ ou $\overset{litres}{900}$

v volumes en mètres cubes.

La machine dépensera à chaque coup de piston 900 litres de vapeur. On voit que dans la formule précédente il rentre trois quantités : le volume, le diamètre et la hauteur du cylindre; elle peut donc servir à déterminer l'une quelconque de ces trois quantités, connaissant les deux autres.

Ainsi on peut se poser la question suivante :

Trouver le diamètre d'un cylindre, connaissant son volume et sa hauteur.

La Formule précédente devient $d^2 = \dfrac{1,273 \times v}{h}$

Reste donc à savoir faire passer la quantité à déterminer, seule inconnue dans le 1er membre et toutes les autres dans le second.

A cet effet, nous exposons le principe suivant.

Une quantité passe d'un membre dans un autre, avec un signe contraire, c'est-à-dire que si cette quantité à le signe plus + elle passera dans le second membre avec le signe moins — et réciproquement.

(^{1}) Celui engendré par le piston dans une course.

De même, si une quantité a le signe de la multiplication $\times$ elle passe dans le second membre avec le signe de la division — ou bien, si elle multiplie dans le premier membre, elle divisera dans le second, et réciproquement.

Exemples sur de simples Egalités.

1° on a $4+5=9$ on veut faire passer 5 dans le second membre elle devient $4=9-5$ il a passé dans le second membre avec le signe moins —

2° on a $7-3=4$ on fait passer 3 dans le second membre. elle devient $7=4+3$

3° on a $3\times5=15$ on veut faire passer 5 dans le second membre elle devient $3=\dfrac{15}{5}$ il multipliait dans le 1er membre, actuellemt il divise dans le second

4° on a $\dfrac{20}{4}=5$ on fait passer 4 dans le second membre. elle devient $20=5\times4$

Nous avons pris des chiffres pour mieux faire comprendre qu'ils ne changent pas l'égalité des deux membres, si c'était des lettres, ce serait la même chose puisqu'elles représentent une certaine valeur.

ACTUELLEMENT prenons la formule du volume du cylindre, et proposons-nous de tirer la valeur du diamètre, c'est-à-dire de faire passer d^2 seul dans le premier membre.

$$\text{Formule } v = \frac{d^2\, h}{1,273}$$

On commence d'abord par enlever le dénominateur (1,273) ce qui se fait en le faisant passer dans le premier membre, il divise dans le second, il multipliera dans le premier; on aura

$$1,273 \times v = d^2\, h$$

Faisons passer h dans le premier membre, il multiplie dans le second, il divisera dans le premier ; on aura

$$\frac{1,273 \times v}{h} = d^2 \text{ ou bien } d^2 = \frac{1,273 \times v}{h} \text{ formule qui donne le}$$

diamètre du cylindre ?

EXEMPLE.— Le volume d'un cylindre d'une machine à vapeur doit être de $0,900$ (m.c.c.) et la course de $1,80$ (m), quel diamètre faut-il donner à ce cylindre ?

$v = 0,900$ (m.c.c)
$h = 1,80$ (m) Formule $d^2 = \dfrac{1,273 \times v}{h} = \dfrac{1,273 \times 0,900}{1,80} = 0,64$

d diamètre en mètres.

On trouve $d^2 = 0,64$ pour avoir la valeur de d il faut extraire la racine carrée

on a $d = \sqrt{0,64} = 0,80$ (m)

Le diamètre du cylindre sera donc de $0,80$ (m).

On a quelquefois à résoudre des formules ayant des parenthèses ( ) comme par exemple celle-ci :

$$A = P \left(\frac{ll'}{c} - \frac{c'}{2} \right)$$

La règle à suivre consiste toujours à remplacer les lettres par leurs valeurs numériques, ensuite d'effectuer les calculs qui sont indiqués dans les parenthèses, de manière à réduire le tout en un seul nombre.

Ici le résultat de la parenthèse sera multiplié par P, car toute quantité placée à coté d'une parenthèse indique la multiplication.

Donnons aux lettres les valeurs suivantes, et remplaçons-les dans la formule, afin d'avoir la valeur de A :

$P = 6800$

$$A = P\left(\frac{ll'}{c} - \frac{c'}{2}\right)$$

$c = 2,10$

$c' = 1,06$ $\quad A = 6800\left(\frac{2,20 \times 2}{2,10} - \frac{1,06}{2}\right) = 6800\,(2,10 - 0,53) = 6800 \times 1,57 = 10700$

$l = 2,20$

$\qquad$ on trouve $A = 10700$

$l' = 2$

pour arriver au résultat on a effectué les calculs suivants :

$$\frac{2,20 \times 2}{2,10} = 2,10$$

$\qquad$ différence $2,10 - 0,53 = 1,57$ ce nombre $1,57$

$$\frac{1,06}{2} = 0,53$$

multiplié par P ou 6800 a donné le résultat 10700.

Dans le calcul des arbres en fonte, en fer et en bois, on rencontre souvent des formules semblables à celle qui suit :

$P = 6800^{kil.}$

$c = 2,10^{m}$

$$d^3 = \frac{P\left(\dfrac{ll'}{c} - \dfrac{c'}{2}\right)}{368000}$$

$c' = 1,06^{m}$

$l = 2,20^{m}$

$l' = 2^{m}$

$d\quad$ diamètre de l'arbre.

Donnons aux lettres les valeurs ci-dessus ; remplaçons ces lettres par leurs valeurs dans la formule et tirons la valeur de d :

$$d^3 = \frac{6800\left(\dfrac{2,20 \times 2}{2,10} - \dfrac{1,06}{2}\right)}{368000} = \frac{6800\,(2,10 - 0,53)}{368000} = \frac{6800 \times 1,57}{368000} = 0,029$$

On trouve $d^3 = 0,029$ $\qquad$ extrayant la racine cubique on aura d. $\qquad d = \sqrt[3]{0,029} = 0,307^{m}$

Un arbre en fonte qui serait dans les circonstances ci-dessus devrait avoir 307^{mil} de diamètre. (¹)

8 Les tourillons d'une roue hydraulique doivent supporter une charge totale de 40000 kil.; quel diamètre faut-il donner à ces tourillons si on les fait en fonte ?

La formule particulière donnée par M. Buchanan est celle-ci :

$$d = 3\sqrt[3]{P} \dots\dots$$

$P = 400$ charge totale en quintaux de 100$^{kil.}$
d diamètre des tourillons en centimètres.

en remplaçant P par sa valeur, on aura

$$d = 3\sqrt[3]{400} = 3 \times 7,37 = 22,11^{c}$$

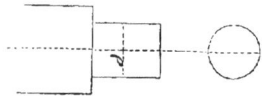

la racine cubique de $400 = 7,37$

Ainsi le diamètre des tourillons en fonte, de l'arbre de cette roue sera de 221^{mil}.

Pour les tourillons en fer, il faut multiplier le diamètre trouvé de ceux en fonte par 0,86.

tourillons en fer $d = 221 \times 0,86 = 190^{kil.}$

Les tourillons en fer devront avoir 190^{mil} de diamètre.

Dans ce qui précède on a vu comment on déterminait le diamètre d'un cylindre, connaissant le volume et la course ; on peut alors résoudre la question suivante :

Disons d'abord qu'on entend par volume d'une pompe ou d'un cylindre de machine à vapeur le volume engendré par le piston dans une course, c'est-à-dire celui déterminé par le diamètre et la course du piston.

Dans la construction de la pompe, par exemple, on doit ajouter la hauteur du piston, la hauteur due à l'emplacement et au jeu des clapets ou des soupapes

Trouver le diamètre d'une pompe qui doit fournir 8000 litres d'eau en une heure, on veut que la course du piston soit de 0^{m},300

(¹) Voir l'*Aide-Mémoire* de M. MORIN.

et le nombre de tours de l'arbre qui le fait mouvoir de 20 en une minute.

Nous prendrons la formule $d^2 = \dfrac{1,273 \times v}{h}$

Nous ne pouvons pas appliquer immédiatement cette formule car nous ne connaissons pas le volume du cylindre ou corps de pompe.

Marche à suivre pour déterminer le volume du corps de pompe.

La pompe doit fournir 8000 litres d'eau en une heure.

Dans une minute elle fournira 60 fois moins ou $\dfrac{8000}{60} = 133$ litres.

L'arbre de la pompe fait 20 tours en une minute ; le volume d'eau fourni dans 1 tour sera encore 20 fois moindre ou $\dfrac{133}{20} = 6,6^{lit}$ ainsi la pompe doit élever $6^{lit},6$ d'eau dans un tour de l'arbre, et comme elle n'élève d'eau qu'une fois dans un tour, étant généralement à simple effet, ce sera le volume du corps de pompe.

En pratique le volume lancé n'est guère que les $\dfrac{3}{4}$ du volume engendré par le piston. Alors si nous voulons lancer $6^{lit},6$ d'eau, il faut que le volume du corps de pompe soit $\dfrac{4}{3} \times 6,6^l = 8,8^l$

Nous trouvons donc pour le volume du corps de pompe $8,8^{lit.}$ ou $0,0088^{m.c.c.}$ (1 mètre cube contient 1000 litres, il pèse 1000 kil.)

La question est actuellement ramenée à celle-ci.

Trouver le diamètre d'un cylindre dont le volume est de $0,0088^{m.c.c.}$ et la course de $0,300^{m.}$

$$d^2 = \frac{1,273 \times v}{h}$$

$v = 0,0088^{m.c.c.}$ volume en mètres cubes.

$h = 0,300^{m}$ course du piston.

d diamètre du piston.

en remplaçant les lettres par leurs valeurs on a

$$d^2 = \frac{1,273 \times 0,0088}{0,300} = 0,0373 \qquad \text{extrayant la racine carrée}$$

$$d = \sqrt{0,0373} = 0,\overset{m}{1}93 \quad \text{de diamètre.}$$

Les dimensions de la pompe seront :

Diamètre intérieur du corps de pompe.... .... $\overset{m.}{0,}193$

Course du piston... $\overset{m.}{0,}300$

Nombre de tours de l'arbre qui fait mouvoir la pompe.................................... 20 en une minute

Longueur de la manivelle de l'arbre égale la $\frac{1}{2}$ course $\overset{m.}{0,}150$

Eau élevée par cette pompe, par heure................... 8000 litres

10 Quelle est la capacité ou le volume d'une sphère (boule) de $\overset{m}{0,}50$ de diamètre.

Pour trouver le volume d'une sphère on se sert de la formule suivante :

$$v = \frac{d^3}{1,91} \cdots\cdots \qquad \begin{array}{l} d = \overset{m}{0,}50 \text{ diamètre en mètres.} \\ v \text{ volume en mètres cubes.} \end{array}$$

On sait que d^3 indique que d doit être pris 3 fois comme facteur.

on a alors $v = \dfrac{0,50 \times 0,50 \times 0,50}{1,91} = \overset{m.c.c.}{0,}0655$ ou $\overset{litres}{66}$ environ.

Le volume de la capacité sphérique, ayant 0,50 de diamètre intérieur, sera de 66 litres.

11 Quel doit être le diamètre d'une capacité sphérique devant contenir 60 litres ?

Pour calculer le diamètre d'une sphère, on se sert de la formule précédente, en la mettant sous la forme qui suit :

$$d^3 = 1,91 \times v \cdots\cdots \qquad \begin{array}{l} \overset{m.c.c.}{v} = 0,060 \text{ volume en mètres cubes.} \\ d \text{ diamètre de la sphère.} \end{array}$$

en remplaçant v par sa valeur on aura

$d^3 = 1,91 \times 0,060 = 0,115$; extrayant la racine cubique de 0,115 on trouve d.

$$d = \sqrt[3]{0,115} = \overset{m.}{0,486} \text{ de diamètre.}$$

Le diamètre intérieur de la capacité sphérique devant contenir 60 litres sera de $\overset{m}{0},486$.

12 Quel est le poids d'une boule en fonte ayant 120 mil. de diamètre.

Pour trouver le poids d'une boule en fonte, on se sert de la formule suivante :

$$P = \frac{d^3}{0,266} \quad \cdots\cdots\cdots \qquad \begin{array}{l} d = 1^d,20 \text{ diamètre en décimètres.} \\ P \text{ poids de la boule en kilog.} \end{array}$$

remplaçant d^3 par sa valeur on a

$$P = \frac{1,20 \times 1,20 \times 1,20}{0,266} = \overset{kil.}{6,5}$$

Le poids de la boule en fonte sera de $\overset{kil.}{6,5}$

13 Quel doit être le diamètre d'une boule en fonte du poids de 100 kil. (destinée à faire un contre-poids) ?

Pour calculer le diamètre d'une boule en fonte, on se sert de la formule précédente mise sous la forme :

$$d^3 = 0,266 \times P \cdots \qquad \begin{array}{l} P = 100 \text{ kil. poids de la boule.} \\ d \text{ diamètre en décimètres.} \end{array}$$

$d^3 = 0,266 \times 100 = 26,6$ extrayant la racine cubique de 26,6 on a $d = \sqrt[3]{26,6} = \overset{d.}{2,98}$ ou 298 mil. de diamètre.

Le diamètre du contre-poids sera de 298 mil.

14 Quel est le poids d'un arbre en fonte de $\overset{m.}{2,50}$ de longueur sur $\overset{m}{0},150$ de diamètre.

2

La formule qui donne le poids d'un arbre en fonte est celle-ci :

$$P = \frac{d^2 \times h}{0,177} \text{ .... }$$

$d = \overset{d}{1},60$ diamètre en décimètres.

$h = \overset{d}{25}$ longueur de l'arbre en décimètres.

P poids de l'arbre en kilog.

remplaçant les lettres par leurs valeurs numériques on a

$$P = \frac{1,60 \times 1,60 \times 25}{0,177} = 362 \text{ kil.}$$

Le poids de cet arbre sera de 362 kil.

15 Quel diamètre faut-il donner à un contre-poids cylindrique en fonte, du poids de 300 kil., la hauteur étant limitée à 1 mètre ?

La formule précédente sera mise sous la forme :

$$d^2 = \frac{0,177 \times P}{h} \text{ .... }$$

$P = 300$ kil. poids du cylindre.

$h = 10$ déc. hauteur en décimèt.

d diamètre en décimètres.

Remplaçons les lettres par leurs valeurs, on aura

$$d^2 = \frac{0,177 \times 300}{10} = 5,3 \quad \text{extrayant la racine carrée de}$$

5,3 on aura $d = \sqrt{5,3} = \overset{d}{2},30^{\cdot}$ ou 230 mil.

Le Diamètre à donner au contre-poids sera de 230 mil.

16 Quel est le diamètre à donner à une cheminée en tôle d'une locomotive, dont la section doit être de 800 centimètres carrés. (1 mètre carré contient 10000 centimètres carrés) ?

La section de la cheminée est un cercle de $\overset{c.c.}{800}$ de surface ; la formule qui donne le diamètre d'un cercle dont on connaît la surface, est celle-ci :

$$d^2 = 1,273 \times s \text{ .... }$$

$s = \overset{c.c.}{800}$ surface du cercle en cent. carrés.

d diamètre du cercle en centimètres.

on trouve en mettant à la place de s sa valeur :

$$d^2 = 1,273 \times 800 = 1020 \qquad \text{extrayant la racine carrée}$$

$$d \sqrt{1020} \overset{c}{=} 31,9 \text{ ou } 319 \text{ mil.}$$

Le diamètre intérieur de la cheminée sera de 319 mil.

17 Quelle est la surface du piston d'un cylindre de machine à vapeur, dont le diamètre est de $0,\overset{m.}{40}$?

La surface du piston n'est autre chose que la surface d'un cercle. La formule qui donne la surface d'un cercle dont on connaît le diamètre, est la précédente mise sous la forme :

$$S = \frac{d^2}{1,273} \dotsb \quad d \overset{c.}{=} 40 \text{ diamètre en centimètres.}$$
$$s \text{ surface du cercle en cent. carrés.}$$

en remplaçant d^2 par sa valeur on trouve :

$$s = \frac{40 \times 40}{1,273} = 1260 \text{ cent. carrés.}$$

La surface du piston sera de 1260 cent. carrés.

18 La circonférence ou le contour d'une colonne est de $0,\overset{m.}{80}$, quel est son diamètre ?

La formule qui donne le diamètre lorsqu'on connaît la longueur de la circonférence est celle-ci :

$$d = \frac{circ.}{\pi} \dotsb \quad \begin{array}{l} \text{circ.} \overset{m}{=} 0,80 \text{ longueur de la circonférence} \\ d \quad \text{diamètre de la circonférence.} \\ \pi = 3,14 \text{ valeur constante.} \end{array}$$

remplaçons ces lettres par leurs valeurs.

$$d = \frac{0,80}{3,14} = 0,\overset{m}{255} \text{ de diamètre.}$$

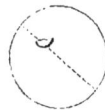

Ainsi pour avoir le diamètre d'une circonférence quelconque il suffit de diviser par 3,14.

Partout où l'on rencontrera la lettre π, appelée *pi* on la remplacera par 3,14.

19 Trouver la circonférence ou le contour d'un arbre en bois ayant $\overset{m.}{0,600}$ de diamètre ?

Pour trouver la circonférence lorsqu'on connaît le diamètre, on multiplie par 3,14, ainsi on a :

circ. $= \pi\, d$ ou bien $3,14 \times 0,600 = \overset{m}{1,884}$.

La longueur ou le contour de l'arbre sera de $\overset{m.}{1,884}$.

On peut se proposer la question suivante :

Trouver la longueur d'une barre en fer méplat devant servir à faire une frette pour un arbre en bois ayant $\overset{m.}{0,60}$ de diamètre ; en supposant que la frette soit de 25 mil. d'épaisseur, et l'amorce ou le recouvrement du fer de 5 centimètres.

Dans ce cas, pour trouver la longueur, il faut considérer le diamètre moyen qui, seul, ne change pas lorsqu'on cintre la barre.

Le diamètre moyen égale de diamètre de l'arbre plus l'épaisseur de la frette.

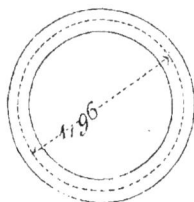

diamètre moyen $d = \overset{m}{0,600} + \overset{m}{0,025} = \overset{m}{0,625}$

circonfér. moyenne $\overset{m}{0,625} \times 3,14 = \overset{m}{1,96}$

A cette circonférence il faut ajouter un recouvrement du fer ou $\overset{m.}{0,05}$, alors la longueur de la barre sera $\overset{m.}{1,96} + \overset{m.}{0,05} = \overset{m.}{2,01}$.

La plus grande longueur de la barre destinée à faire la frette sera de $\overset{m.}{2,01}$.

20 En mécanique, on prend la seconde pour unité de temps.

Il y a 60 secondes dans une minute, et 3600 dans une heure; dans une heure il y a 60 minutes.

On exprimera les minutes par une virgule, et les secondes par deux; ainsi 25' signifie 25 minutes, et 40" signifie 40 secondes.

Vitesse.— On appelle vitesse l'espace parcouru par un mobile en une seconde.

Ainsi si un cheval parcourt 60 mètres en une minute, dans une seconde il ne parcourt qu'un mètre ; on dira : sa vitesse est de 1 mètre.

Quelle est la vitesse d'une locomotive qui fait 90 kilomètres ou 90000 mètres par heure ?

Puisqu'elle parcourt 90000 mètres en une heure et que dans une heure il y a 3600 secondes, l'espace parcouru en une seconde sera 3600 fois plus petit, on aura donc :

$$\text{vitesse égale } \frac{90000}{3600} = 25 \text{ mètres}$$

La vitesse de la locomotive sera de 25 mètres.

Lorsqu'une pièce tourne autour d'un axe, on considère le nombre de tours faits dans une minute ; si on dit cette roue fait 25 tours, cela veut dire qu'elle fait 25 tours dans une minute.

Quelle est la vitesse à la circonférence d'une poulie de 2 mètres de diamètre si elle fait 4 tours en une minute ?

Dans ce cas on appelle vitesse l'espace parcouru en une seconde par un point de sa circonférence.

Nous dirons : Puisque la poulie fait 4 tours en une minute, un point de sa circonférence parcourra 4 fois la longueur de son contour, et si nous divisons cette longueur par 60" nous aurons l'espace parcouru en une seconde ou la *vitesse*, ainsi :

circonférence de la poulie $2 \times 3,14 = 6,28^m$

espace parcouru en une minute $4 \times 6,28 = 25,12^m$

l'espace parcouru en une seconde sera 60 fois plus petit, c'est-à-dire

que la vitesse sera égale à $\dfrac{25,12}{60} = 0,42^m$

La vitesse à la circonférence de la poulie sera de $0^m,42$.

Au lieu de passer par toutes ces transformations nous prendrons la formule suivante, lorsque nous voudrons trouver la vitesse d'un point distant de l'axe d'une quantité donnée.

vitesse $v = \dfrac{\pi \, d \, n}{60}$ ......

d diamètre de la poulie ou de la roue, etc.
n nombre de tours en une minute.
v vitesse à la circonférence.
$\pi = 3,14$ quantité constante.

EXEMPLE : Quelle est la vitesse à la circonférence d'une poulie de 2 mètres de diamètre et faisant 4 tours en une minute.

$d = 2$ mètres.

$n = 4$ tours.

v vitesse.

$$v = \frac{\pi \, d \, n}{60} = \frac{3,14 \times 2 \times 4}{60} = 0,42^{m}$$

La vitesse de cette poulie est de 0^m, 42 comme précédemment.

Dans cette formule rentre 3 quantités : le diamètre, le nombre de tours et la vitesse; deux quelconque de ces quantités étant connues, on peut déterminer la troisième. Il suffit, comme on l'a déjà vu, de faire passer la quantité inconnue seule dans le premier membre. Nous rencontrerons souvent des applications.

21 Afin qu'une poulie ou une pièce en fonte, en fer, en bois, en cuivre, etc., puisse être tournée facilement, il faut que la vitesse de la partie entamée soit convenable. Pour la fonte, la vitesse de la partie entamée doit être environ de 8 cent.

Proposons nous la question suivante :

Une poulie en fonte de 2 mètres de diamètre doit être tournée.

On demande le nombre de tours qu'il sera nécessaire de lui faire faire en une minute, afin que la vitesse à sa circonférence soit de 8 cent. par seconde. La formule précédente nous sert, mise sous la forme :

$$n = \frac{60 \, v}{\pi \, d}$$

$v = 0,08^{m}$ vitesse en mètres.

$d = 2$ mèt. diamètre de la poulie.

n nombre de tours en une minute.

Remplaçons les lettres par leurs valeurs.

$$n = \frac{60 \times 0,08}{3,14 \times 2} = 7,6^{t}$$

La poulie devra faire 7 à 8 tours par minute.

22 On demande le nombre de tours que font les roues d'une locomotive qui parcourt 90 kilomètres à l'heure, le diamètre des roues étant de $2^m,10$.

Nous chercherons $\left\{ \begin{array}{l} 1° \text{La vitesse à la circonférence des roues.} \\ 2° \text{ Le nombre de tours.} \end{array} \right.$

En divisant 90000 mètres par 3600 secondes, nous aurons l'espace parcouru en une seconde ou la vitesse de la locomotive ; mais cette vitesse sera aussi celle de la circonférence des roues, en supposant qu'il n'y ait pas glissement :

Vitesse à la circonférence des roues $\dfrac{90000}{3600} = 25$ mètres.

Nous connaissons la vitesse à la circonférence des roues et le diamètre de ces dernières, il nous sera facile d'avoir le nombre de tours par la formule précédente.

$$n = \frac{60 \times v}{\pi d} \cdots\cdots$$

$v = 25$ mèt. vitesse de la roue.

$d = 2,10$ diamètre des roues.

n nombre de tours en une minute.

Remplaçons ces lettres par leurs valeurs.

$$n = \frac{60 \times 25}{3,14 \times 2,10} = 227 \text{ tours.}$$

Les roues de la locomotive feront 227 tours en une minute.

De la Vapeur.

23 Vapeur.— On entend par vapeur en général cette fumée humide qui s'échappe des liquides soumis à l'action de la chaleur.

Quand l'eau est chauffée dans un vase fermé, comme dans les chaudières à vapeur ; la vapeur qui vient occuper l'espace libre au-dessus de l'eau, acquiert successivement une tension ou force élastique qui s'accroît avec la température de l'eau ; de là sa puissance plus ou moins énergique.

PRESSION DE LA VAPEUR. — On appelle pression, tension ou force élastique de la vapeur, l'effort qu'elle exerce sur un centimètre carré de surface.

La tension de la vapeur est donnée comparativement à celle de l'air prise pour unité.

La pression de l'air, pression atmosphérique ou simplement atmosphère, est mesurée par une colonne d'eau de $10,33^m$ ou une colonne de mercure de $0,76^m$; ce qui équivaut à une pression de $1,033^{kil.}$ par cent. carré ou 10330 kil. par mètre carré. (¹)

Ainsi : Dire que la vapeur a une tension d'une atmosphère, c'est admettre qu'elle exerce une pression de $1,033^{kil.}$ par centimètre carré; sa température, dans ce cas, est de 100 degrés centigrades. Si on veut exprimer 5 atmosphères, on écrira 5 atm.

Pour plus de simplicité dans les applications que nous ferons nous ne tiendrons compte que de 1 kil. par cent. carré, on écrit 1 kil. *p.c.c.*

Tension de la vapeur.	Pression par cent. carré.
$1^{at.}$	$1^{kil.}$
$4^{at.}$	$4^{kil.}$
$5^{at.}$	$5^{kil.}$
$5,50^{at.}$	$5,50^{kil.}$

Quelle est la pression exercée sur le piston d'une machine à vapeur, la tension de cette dernière étant de 5 atm. et le diamètre du piston de $0,50^m$?

Il est évident que nous aurons une pression d'autant de fois 5 kil. que la surface du piston contiendra de centimètres carrés.

La surface du piston, n'est autre que la surface du cercle ayant $0,50^m$ de diamètre. (N° 17)

_____

(¹) *Atmosphère*, air qui entoure la terre.

surface du piston $s = \dfrac{d^2}{1,273} = \dfrac{50 \times 50}{1,273} = 1970^{c.c.}$ $d = 50$ diamètre en centim.

s surface eu centimètres.

La surface du piston sera de 1970 cent. carrés. ([1])

Pression de la vapeur sur le piston $1970 \times 5 = 9850$ kil.

La pression sur le piston est donc de 9850 kil.

24 Poids de la vapeur. — L'expérience a prouvé que un litre d'eau pouvait produire 1700 lit. de vapeur à 1 atm., comme un litre d'eau pèse 1 kil.; 1 litre de cette vapeur pèsera 1700 fois moins.

Le poids de un litre de vapeur à 1 atm. pèse 0,000588, 1000 lit. ou 1 mètre cube de vapeur pèseront 1000 fois plus.

Le poids d'un mètre cube de vapeur à 1 atm. sera de 0,588.

Tableau donnant le poids de un mètre cube de vapeur à diverses tensions.

Tension de la vapeur.	Poids du mètre cube.
at. 1	k. 0, 588
at. 1 25	k. 0, 724
at. 2	k. 1, 117
at. 3	k. 1, 620
at. 4	k. 2, 107
at. 5	k. 2, 586
at. 6	k. 3, 052
at. 7	k. 3, 510

Proposons nous la question suivante :

Quel est le poids de vapeur à 5 atm. dépensé à chaque course, par le cylindre d'une machine à vapeur, le diamètre du piston étant de 0,50 et la course de 1,40?

([1]) 5 atm. correspondent à 5 kil. par cent. carré.

Il faut d'abord chercher le volume engendré par le piston dans une course. (On connaît la formule qui donne le volume d'un cylindre.)

volume $\quad v = \dfrac{d^2\, h}{1{,}273}$ $\qquad d = \overset{m.}{0{,}50}$ diamètre

$\qquad\qquad\qquad\qquad\qquad\qquad h = \overset{m}{1{,}40}$ course.

$\qquad\qquad\qquad\qquad\qquad\qquad v \quad$ volume en mètres cubes.

Remplaçons les lettres par leurs valeurs.

$$v = \frac{0{,}50\times 0{,}50\times 1{,}40}{1{,}273} = \overset{m.c.c.}{0{,}275}$$

Le volume du cylindre est de $\overset{mcc.}{0{,}275}$, lequel multiplié par le poids $\overset{kil.}{2{,}586}$ du mètre cube de vapeur à 5 atm. donne le poids de vapeur dépensé dans une course.

POIDS DE VAPEUR.— $0{,}275\times 2{,}586 = \overset{kil.}{0{,}71}$.

Le poids de vapeur dépensé à chaque course sera de $\overset{kil.}{0{,}71}$.

Le poids dépensé dans une course double, ou un tour de l'arbre sera de $0{,}71\times 2 = \overset{kil.}{1{,}42}$. (¹)

$\overset{kil.}{1{,}42}$ ou $\overset{lit.}{1{,}42}$ est précisément la quantité d'eau qu'il est nécessaire de renvoyer dans la chaudière pour remplacer celle qui est sortie en vapeur.

On voit que cela nous servira à déterminer les dimensions de la pompe alimentaire.

25 CHARBON BRULÉ.—On estime que 1 kil. de charbon d'assez bonne qualité produit 6 kil. de vapeur.

$\qquad$ 1 kil. de charbon produit........ 6 kil. de vapeur.
$\qquad$ 1 kil. de coke produit............. 7 kil. de vapeur.

Quelle est la quantité de charbon brûlé par une machine qui dépense 1700 kil. de vapeur par heure?

(¹) 1 kil. de vapeur correspond à 1 kil. d'eau, ou 1 litre.

Puisque 1 kil. de charbon peut produire 6 kil. de vapeur elle consommera autant de kilos de charbon que 1700 contiendra 6.

CHARBON BRULÉ.— $\dfrac{1700}{6} = 283$ kil.

Cette machine dépensera donc 283 kil. de charbon par heure.

Machines à Vapeur.

26 L'action de la vapeur dans une machine consiste à presser alternativement les faces d'un piston pour le faire monter ou descendre, c'est-à-dire lui donner le mouvement de va-et-vient qui, au moyen de la bielle et de la manivelle, donne le mouvement circulaire continu à l'arbre de couche de la machine à vapeur. Le mouvement est rendu continu et régulier par l'énergie du volant monté sur son arbre.

Dans une machine, la distribution de la vapeur dans le cylindre est telle que, lorsque la vapeur de la chaudière agit sur l'une des faces du piston, l'autre face est en communication avec l'air extérieur, ou bien avec le condenseur.

Dans le premier cas, c'est-à-dire lorsque la vapeur de la chaudière qui a produit son effet sur le piston s'échappe dans l'atmosphère, la pression qui s'oppose à la marche de ce dernier est de 1 atm., et si la tension de la vapeur dans la chaudière est de 5 atm., on ne pourra compter que sur une puissance de 4 atm. ; il y a donc dans ce cas 1 atm. ou 1 kil par cent. carré de perdu.

Pour remédier à cet inconvénient, on a construit des machines à condensation.

Dans les machines à condensation, la vapeur, à la sortie du cylindre, se rend dans une capacité appelée condenseur; là elle est mise en contact avec une certaine quantité d'eau froide Alors elle se condense et on obtient un mélange qui conserve une température de 35 à 40 degrés centigrades. Par cet abaissement de température de la vapeur à la sortie du cylindre, le piston n'éprouve en sens contraire de sa marche qu'une résistance de $\frac{1}{10}$ d'atmosphère ou au plus 0,15 ^{kil.} par cent. carré.

Dans les calculs que nous aurons à faire nous compterons la pression dans le condenseur à 0,15 ^{kil.} par centimètre carré.

· QUANTITÉ D'EAU DE CONDENSATION.— On estime qu'il faut 20 à 24 kil. d'eau à 12 degrés pour condenser 1 kil. de vapeur, afin que la température du mélange soit d'environ 40 degrés centigrades.

Quelle est la quantité d'eau nécessaire pour la condensation de la vapeur pour une machine qui dépense 1700 kil. de vapeur par heure?

Le poids de l'eau de condensation sera 24 fois plus grand.

Eau de condensation 1700×24 = 40800 kil. ou 40800 litres.

L'eau nécessaire à la condensation, par heure, sera de 40800 litres.

On voit que ceci nous servira à déterminer les dimensions du condenseur, de la pompe à air et de la pompe à eau froide.

28 DÉTENTE DE LA VAPEUR. — Pour une même température, les volumes de la vapeur sont en raison inverse des pressions, c'est à-dire que si de la vapeur à une tension de 4 atm est introduite dans un cylindre de machine à vapeur, pendant la moitié de la course seulement, lorsqu'elle occupera tout le cylindre sans avoir introduit de nouvelle vapeur, son volume sera devenu double, mais sa force élastique ne sera plus que de 2 atm., c'est ce qu'on appelle détente au $\frac{1}{2}$; si elle n'était introduite que pendant $\frac{1}{3}$ de la course, ce serait une détente au $\frac{1}{3}$, et sa force élastique ne serait plus que de 4 atm. divisés par 3 ou $\frac{4\,atm.}{3} = 1,33$ ^{atm.}; la température de la vapeur n'ayant pas subi ce refroidissement. De là viennent les machines à détente, où la force expansive de la vapeur est utilisée, ce qui fait pour une même dépense de vapeur, par suite de charbon, une différence si grande dans la puissance des machines. C'est surtout de la vapeur à haute pression que l'on retire les plus grands avantages pour la détente.

On voit que l'économie de charbon dans les machines à vapeur est due à la condensation et à la détente de la vapeur.

29 On classe les machines à vapeur comme il suit :

1° MACHINES A BASSE-PRESSION — Elles sont ainsi appelées parce que la vapeur n'y est employée qu'à une tension de 1,25 $\overset{atm.}{}$; elles sont à condensation mais sans détente, ou très faible ; elles dépensent en moyenne 5 kil. de charbon par cheval et par heure, et 890 lit. d'eau aussi par cheval et par heure : elles sont principalement en usage dans les bateaux à vapeur.

2° MACHINES A DÉTENTE ET A CONDENSATION à un seul cylindre. Telles sont aussi les machines de Woolf à deux cylindres, dans lesquelles la vapeur agit à pleine pression dans le petit cylindre et se détend dans le grand. La tension de la vapeur dans la chaudière est de 4 atm. On en construit, mais avec de grandes détentes, qui consomment moins de 2 kil. de charbon par cheval et par heure ; elles exigent moins d'eau que les machines à basse pression.

3° MACHINES A DÉTENTE.—Ces machines sont à détente seulement, la vapeur y étant employée à 1 atm. et au-dessus ; elles ne peuvent pas atteindre une aussi grande détente que les précédentes, car la pression correspondante ne doit pas être inférieure à 1 atm. ; elles brûlent en moyenne 4 kil. de charbon par cheval et par heure et exigent peu d'eau, celle nécessaire à l'alimentation seulement.

4° MACHINES SANS DÉTENTE NI CONDENSATION.—La vapeur y est employée à une tension de 6 et 7 atm., elles dépensent beaucoup plus de charbon que toutes les autres; elles n'exigent que l'eau nécessaire à l'alimentation. On les emploie dans les mines, dans les locomotives, elles ont souvent une faible détente commençant au $\frac{2}{3}$ ou au $\frac{3}{4}$ de la course qui est due aux recouvrements du tiroir.

Les machines qui marchent à 5 atm. et au-dessus sont dites à haute pression.

La pression de la vapeur dans les chaudières est limitée à 7 atm.

Pompes des Machines à Vapeur.

30 Dans les machines à condensation il y a trois espèces de pompes et un condenseur.

1° POMPE A AIR. — Cette pompe enlève à chaque tour l'air et l'eau du condenseur; le volume engendré par le piston de cette pompe doit être plus que suffisant pour enlever toute l'eau qui s'y est réunie pendant une course double ou un tour de l'arbre.

CONDENSEUR. — Le condenseur est la capacité dans laquelle s'opère la condensation de la vapeur; son volume doit être au moins égal à celui de la pompe à air.

2° POMPE A EAU FROIDE.— Cette pompe amène l'eau du puits dans un réservoir, appelé bâche à eau froide, qui alimente le condenseur. Le volume de cette pompe doit être assez grand pour fournir l'eau nécessaire à la condensation de la vapeur qui arrive dans le condenseur pendant un tour de l'arbre.

Lorsque le niveau du puits est à une petite profondeur, on n'emploie pas de pompe à eau froide, comme dans les bateaux à vapeur; un tuyau seulement amène l'eau de la mer dans le condenseur; un robinet en règle la dépense.

3° POMPE ALIMENTAIRE.— Cette pompe prend une partie de l'eau de condensation pour alimenter les chaudières; son volume doit être assez grand pour pouvoir envoyer dans la chaudière plus que la quantité d'eau qui est l'équivalent de la vapeur dépensée dans un tour de l'arbre.

Les machines sans condensation sont les plus simples, elles n'ont que la pompe alimentaire.

BACHE A EAU CHAUDE. — C'est un réservoir placé ordinairement au-dessus de la pompe à air; il reçoit toute l'eau de cette pompe. C'est aussi dans ce réservoir que la pompe alimentaire puise son eau pour la refouler dans la chaudière. Le volume de cette bâche doit être plus grand que le volume de la pompe à air.

BACHE A EAU FROIDE.— C'est une grande capacité dans laquelle la pompe à eau froide verse son eau, placée souvent autour du condenseur et concentrique à ce dernier, qui, lui-même, est concentrique à la pompe à air. Un tuyau amène l'eau de cette bâche dans le condenseur par un jet continu.La pression dans le condenseur étant très faible, par rapport à la pression extérieure, l'eau s'y précipite avec une grande vitesse, une pomme d'arrosoir termine le tuyau, la grandeur de cette bâche ne nuit pas.

Lorsqu'il n'y a pas de pompe à eau froide on ne met pas non plus de bâche.

Calcul des Pompes.

31 Le calcul de toutes les pompes d'une machine à vapeur dépend du poids de vapeur que cette machine dépense dans une course double ou un tour de l'arbre. Dans les machines à détente surtout, il faut considérer la plus grande dépense en vapeur que la machine doit faire :

1° On doit déterminer le volume de chaque pompe ;

2° On se donne la course et on détermine le diamètre.

La marche à suivre est la même pour tous les systèmes de machines. Nous allons faire l'application sur une machine existante afin de comparer les résultats.

CALCUL DES POMPES D'UNE MACHINE A VAPEUR A BASSE PRESSION. — Le diamètre du cylindre est de $0,856^{m}$, la course du piston $1,846^{m}$ le nombre de tours de l'arbre de couche est de 18 et la tension de la vapeur dans la chaudière de $1,25^{atm}$ au plus.

Cette machine à vapeur, livrée par le constructeur pour la force nominale de 40 chevaux, fonctionne à une puissance de 53 chevaux, la tension de la vapeur dans la chaudière étant de $1,20^{atm}$.

Volume du cylindre à vapeur (formule du vol^{me} d'un cylindre) :

$$v = \frac{d^2 h}{1,273}$$

$d = 0,856^{m}$ diamètre du cylindre.

$h = 1,846^{m}$ course du piston.

v volume du cylindre en mètres cubes.

remplaçons les lettres par leurs valeurs :

$$v = \frac{0,856 \times 0,856 \times 1,846}{1,273} = \overset{m.c.c.}{1,07}$$

Le volume du cylindre est de $\overset{m.c.c.}{1,07}$; ce volume multiplié par le poids du mètre cube de vapeur à $\overset{atm.}{1,25}$, donnera le poids de vapeur dépensé dans une course simple.

Le poids du mètre cube de vapeur à $\overset{atm.}{1,25}$ est de $\overset{kil.}{0,724}$.

Poids de vapeur dépensé dans une course $\overset{m.c.c.}{1,07} \times \overset{kil.}{0,724} = \overset{kil.}{0,78}$

Poids de vapeur dépensé dans un tour $\overset{kil.}{0,78} \times 2 = \overset{kil.}{1,56}$.

POMPE ALIMENTAIRE. — Le poids de vapeur dépensé dans un tour sera de $\overset{kil.}{1,56}$, ce sera aussi le poids de l'eau qu'il est nécessaire de renvoyer dans la chaudière: donc $\overset{lit.}{1,56}$ sera le volume minimum de la pompe alimentaire; mais pour tenir compte de tout et se trouver dans de bonnes conditions on le fait trois à quatre fois plus grand : on aura donc

Volume de la pompe alimentaire $1,56 \times 3 = \overset{lit.}{4,68}$.

Le volume engendré par le piston de la pompe alimentaire sera de $\overset{lit.}{4,68}$; et si nous faisons la course de cette pompe égale à $\overset{m}{0,540}$, on pourra déterminer le diamètre (N° 7).

$$d^2 = \frac{1,273 \times v}{h} \qquad \begin{array}{l} v = \overset{m.c.c.}{0,00468} \text{ volume en mètres cubes.} \\ h = \overset{m}{0,540} \text{ course du piston.} \\ d \quad \text{diamètre du piston.} \end{array}$$

Remplaçons les lettres par leurs valeurs

$$d^2 = \frac{1,273 \times 0,00468}{0,540} = 0,011 \qquad \text{extrayant la racine carrée}$$

$$d = \sqrt{0,011} = \overset{m}{0,105} \quad \text{de diamètre.}$$

Le diamètre extérieur de la pompe alimentaire sera de $0,105$.

Dimensions trouvées.	Dimensions existantes.
$v = 4,68$ lit.	$v = 4,5$ lit.
$h = 0,540$ m	$h = 0,540$ m
$d = 0,105$ m	$d = 0,103$ m

EAU NÉCESSAIRE A LA CONDENSATION DE LA VAPEUR. — L'eau nécessaire à la condensation doit être 20 ou 24 fois l'eau de vaporisation ; or la machine dépense 1,56 lit. d'eau vaporisée : dans un tour nous aurons alors :

Eau de condensation dans 1 tour 1, $56 \times 24 = 37,4$ lit.

L'eau nécessaire à la condensation pour un tour de l'arbre sera de $37,4$ lit.

POMPE A EAU FROIDE. — La pompe à eau froide doit être capable de fournir l'eau pour la condensation (37, 4 lit.) ; pour tenir compte de tout et être dans de bonnes conditions, nous ferons le volume engendré par le piston de cette pompe une fois et demi plus grand (ce qui se fait en multipliant par 1,5.)

Volume de la pompe à eau froide 37, $4 \times 1,5 = 56$ litres.

Le volume engendré par le piston de la pompe à eau froide sera de 56 lit. ; si nous faisons la course égale à $0,923$ m, nous pourrons déterminer le diamètre.

$$d^2 = \frac{1,273 \times v}{h}$$

$v = 0,056$ m.c.c. volume en mètres cubes.

$h = 0,923$ m course.

d diamètre du piston.

Remplaçons les lettres par leurs valeurs :

$$d^2 = \frac{1,273 \times 0,056}{0,923} = 0,077 \qquad \text{extrayant la racine carrée}$$

$$d = \sqrt{0,077} = 0,277 \text{ m de diamètre.}$$

3

Le diamètre intérieur de la pompe sera de $0,277^{m}$.

Dimensions trouvées.	Dimensions existantes.
$v = 56$ litres	$v = 48$ litres
$h = 0,923^{m}$	$h = 0,923^{m}$
$d = 0,277^{m}$	$d = 0,255^{m}$

POMPE A AIR. — La pompe à air doit enlever à chaque tour l'air et l'eau du condenseur, le volume minimum qu'elle doit avoir doit être double de l'eau de condensation (37, 4).

Volume minimum de la pompe à air $37, 4 \times 2 = 74, 8$ lit.

Mais pour être dans de très bonnes conditions on se tient bien au-dessus : on met 3 à 4 fois le volume minimum, soit 3,5 fois

Volume de la pompe à air $74, 8 \times 3,5 = 262$ litres.

Le volume engendré par le piston de la pompe à air sera de 262 litres : faisons la course de cette pompe égale à $0, 923^{m}$ et nous pourrons déterminer le diamètre.

$$d^2 = \frac{1,273 \times v}{h} \qquad \begin{array}{l} v = 0, 262^{m} \text{ volume en mètres cubes.} \\ h = 0, 923^{m} \text{ course.} \\ d \quad \text{diamètre du piston.} \end{array}$$

Remplaçons les lettres par leurs valeurs :

$$d^2 = \frac{1,273 \times 0,262}{0,923} = 0,36 \text{ extrayant la racine carrée,}$$

$$d = \sqrt{0,36} = 0, 600^{m} \text{ de diamètre.}$$

Le diamètre intérieur de la pompe à air sera de $0, 600^{m}$.

Dimensions trouvées.	Dimensions existantes.
$v = 262$ litres	$v = 261$ litres
$h = 0,923^{m}$	$h = 0,923^{m}$
$d = 0,600^{m}$	$d = 0,600^{m}$

CONDENSEUR. — Le volume du condenseur doit être au moins égal à celui de la pompe à air : nous mettrons 1,5 fois le volume de cette pompe.

$$\text{Volume du condenseur } 262 \overset{lit.}{\times} 1,5 = 390 \text{ litres.}$$

Le volume du condenseur sera de 390 litres.

Le volume du condenseur existant est de 323 litres.

La grandeur du condenseur ne nuit pas ; on en rencontre qui ont un volume double de celui de la pompe à air.

BACHE A EAU CHAUDE. — Cette bâche, placée ordinairement au-dessus de la pompe à air, reçoit toute l'eau de cette pompe. Son volume doit être naturellement plus grand : nous mettrons 1,5 fois le volume de la pompe à air (262 litres).

$$\text{Volume de la bâche à eau chaude } 262 \overset{lit.}{\times} 1,5 = 390 \text{ litres.}$$

Le volume de la bâche à eau chaude sera de 390 litres.

BACHE A EAU FROIDE. — La grandeur de cette bâche ne nuit pas : mettons 4 fois le volume de la pompe à air (262 litres).

$$\text{Volume de la bâche à eau froide } 262 \times 4 = 1048$$

Le volume de la bâche à eau froide sera de 1048 litres.

La bâche existante a une capacité totale de 1225 litres, mais dans son milieu est placé le condenseur.

Nous avons, dans ce qui précède, déterminé le volume engendré par le piston de chaque pompe ; mais dans la construction, pour avoir la hauteur du corps de pompe on doit ajouter celle du piston, la hauteur nécessaire pour l'emplacement et le jeu des clapets et des soupapes.

Le diamètre des tuyaux doit être $\frac{1}{2}$ ou les $\frac{2}{3}$ du diamètre de la pompe. Le vide pour le passage de l'eau dans le piston, dans le siège des clapets et des soupapes doit être le $\frac{1}{4}$ de la surface du piston de la pompe ; la grandeur des tuyaux ou de l'espace libre pour le passage de l'eau ne nuit pas. Le jeu des pompes est dû à la pression de l'air et cette dernière est mesurée par une colonne d'eau de 10,33, de sorte que si le tuyau plongeur d'une pompe avait cette longueur mesurée suivant la direction du fil aplomb, elle ne fonctionnerait pas ; de plus il faut encore une certaine force pour soulever les soupapes, on voit qu'il est important que la distance du niveau du puits à la pompe soit bien inférieure à 10,33 ; il est bon de ne pas dépasser 8 mètres.

32 Voyons la quantité d'eau qui est nécessaire à cette machine par heure.

On a vu qu'elle dépensait 37,4 d'eau dans un tour ; l'arbre fait 18 tours par minute, la dépense par minute sera 18 fois plus grande.

Dépense d'eau par minute $37,4 \times 18 = 674$ litres.

Il y a 60 minutes dans une heure, la dépense par heure sera encore 60 fois plus grande.

Dépense d'eau par heure $674 \times 60 = 40500$ litres.

La quantité d'eau nécessaire à la machine sera de 40500 litres par heure.

33 CHARBON BRULÉ PAR CHEVAL ET PAR HEURE. — Pour avoir la quantité de charbon que consomme cette machine, il faut d'abord connaître sa dépense en vapeur. Or nous avons vu que le poids de vapeur dépensé dans un tour était de 1,56 ; comme l'arbre fait 18 tours la dépense par minute sera 18 fois plus grande.

Dépense de vapeur par minute $1,56 \times 18 = 28$ kil.

Il y a 60 minutes dans une heure, la dépense par heure sera 60 fois plus grande.

Dépense de vapeur par heure $28 \times 60 = 1680$ kil.

La machine dépense 1680 kil. de vapeur par heure, or 1 kil. de charbon sous les chaudières ordinaires produit 6 kil. de vapeur, nous aurons donc autant de kilos de charbon que 1680 contiendra 6.

Charbon brûlé par heure $\dfrac{1680}{6} = 280$ kil.

La machine consomme donc 280 kil. de charbon par heure.

Cette machine travaille à une puissance de 53 chev.; en divisant 280 par 53 nous aurons la consommation par cheval et par heure.

Charbon brûlé par cheval et par heure $\dfrac{280}{53} = 5{,}28$ kil.

La machine brûle 5,28 kil. de charbon par cheval et par heure.

Prix d'entretien de la Machine.

34 Voyons ce que coûte par an au propriétaire l'entretien d'une pareille machine, en charbon seulement.

Nous avons trouvé que cette machine dépensait 280 kil. de charbon par heure, admettons 12 heures de travail par jour.

Charbon brûlé par jour 280 × 12 = 3360 kil.

Soit 300 jours de travail dans l'année.

Charbon brûlé par an 3360 × 300 = 1008000 kil.

Le charbon brûlé par an est de 1008000 kil. ou 10080 quintaux de 100 kil.; mettons le prix du charbon à 4 francs les 100 kil.

Entretien par an 10080 × 4 = 40320 francs.

Cette machine coûte au propriétaire 40320 francs par an, en charbon seulement.

Economie que l'on peut obtenir dans les machines à pleine pression.

Dans ce genre de machines à pleine pression, l'expérience a démontré que la machine était capable du même travail soit qu'on la fît marcher à pleine pression, soit qu'il n'y eût pleine pression que pendant les $\dfrac{3}{4}$ de la course, on fait donc une économie de $\dfrac{1}{4}$ dans la dépense de vapeur en adoptant cette petite détente qui est due aux recouvrements du tiroir.

Une économie de $\dfrac{1}{4}$ de vapeur, c'est une économie de $\dfrac{1}{4}$ de charbon et par suite $\frac{1}{4}$ sur son prix de revient ; or la machine coûte 40320 francs d'entretien par an, l'économie sera donc $\frac{1}{4}$ de 40320 = 10080 francs.

L'économie serait de 10080 francs par an ; en peu d'années cette économie produirait le prix de la machine. Ceci peut faire comprendre l'importance d'avoir des machines qui consomment peu de charbon, telles sont les machines à détente et condensation, et pour en avoir de très bien construites il ne faut pas regarder au prix de revient.

TRAVAIL MÉCANIQUE. — Lorsqu'un cheval est attelé à un manége il fait un certain effort, comme aussi il agit avec une certaine rapidité; évidemment il travaille. Le travail sera représenté par le produit de ces deux quantités inséparables, l'*effort* et l'*espace parcouru*.

L'*effort* peut toujours être exprimé en kilogrammes, et l'*espace parcouru* en mètres.

On a adopté pour unité de travail 1 kil. élevé à un mètre, qu'on a appelé *kilogrammètre*, s'exprime (km.)

On a mis 3 minutes à élever un fardeau de 500 kil. à une hauteur de 20 mètres. Quelle est la quantité de travail qu'on a effectué pendant ce temps.

L'*effort* est ici de 500 kil.

L'*espace parcouru* est 20 mètres.

Le travail sera le produit de ces deux quantités.

Travail effectué 500×20 = 10000 km.

Le travail effectué en 3 minutes est de 10000 kilogrammètres.

Pour établir une certaine comparaison dans la puissance des machines, on considère le travail fait en une seconde, on dira donc :

Dans 3 minutes il y a 3 × 60 = 180 secondes, en divisant 10000 km. par 180 on aura le travail fait en une seconde.

Travail en une seconde $\frac{10000}{180}$ = 56 km.

On dira : cette machine est capable d'un travail de 56 kilogrammètres.

CHEVAL VAPEUR. — Dans les machines puissantes comme dans les machines à vapeur on adopte pour unité de travail 75 kilogrammètres, qu'on nomme *cheval vapeur*, il faudra donc diviser par 75 le travail obtenu en kilogrammètres, afin de l'avoir en chevaux. Dans l'exemple précédent il y a moins d'un cheval vapeur, aussi l'exprime-t-on en kilogrammètres.

Un cheval ordinaire qui ferait un effort de 75 kil. en parcourant 1 mètre par seconde, ferait la force d'un cheval vapeur ; mais l'expérience a démontré qu'un cheval ordinaire attelé à un manége n'était capable que de 44 kilogrammètres : on voit qu'un cheval vapeur est bien supérieur à un cheval ordinaire qui, dans ce cas, ne travaille que 8 heures par jour. Ainsi on peut dire en parlant d'une machine de 100 chevaux, qui fait mouvoir une usine, que cette puissance est telle qu'il faudrait 180 chevaux ordinaires pour faire le même travail.

Le travail par seconde est donné par l'*effort* multiplié par la *vitesse* ; il est exprimé en kilogrammètres : pour avoir le travail en chevaux on divise par 75.

EXEMPLE. — Quelle est la quantité de travail ou la puissance nécessaire pour élever en 2 minutes un poids de 1000 kil. à une hauteur de 96 mètres.

Dans 2 minutes il y a 120 secondes, l'espace parcouru en une seconde ou la vitesse du fardeau sera 120 fois plus petite.

$$\text{Vitesse du fardeau}\quad \frac{96^m}{120''} = 0,80^m$$

Effort ou poids élevé égale.. 1000 kil.

Le travail par seconde est le produit de ces deux quantités :

$$\text{Travail par seconde}\quad 1000^{kil.} \times 0,80^m = 800 \text{ km.}$$

Le travail par seconde, exprimé en kilogrammèt., est de 800 km

En divisant 800 par 75 on a le travail en chevaux.

$$\text{Travail en chevaux}\quad \frac{800}{75} = 10,6^{ch.}$$

La machine capable d'élever en 2 minutes 1000 kil. à une hauteur de 96 mètres serait au minimum de 10, 6 $\overset{ch.}{}$.

On aurait pu, avec la même puissance, élever 2000 kil., mais à la vitesse seulement de 0, 40 $\overset{m}{}$. (moitié.)

Travail par seconde 2000 × 0,40 = 800 km.

On aurait pu également avec la même puissance élever 500 kil. avec une vitesse de 1, 60 $\overset{m}{}$. (double.)

Travail par seconde 500 × 1,60 = 800 km.

On voit que le travail nécessaire serait toujours le même ; ce qui fait dire en mécanique que ce que l'on gagne en force on le perd en vitesse, et ce que l'on gagne en vitesse on le perd en force.

36 La puissance d'une machine à vapeur, c'est le travail dont elle est capable sur l'arbre du volant, c'est-à-dire à la circonférence de la poulie ou sur les dents de la roue d'engrenage montée sur cet arbre et qui donne le mouvement à toute l'usine.

Représentons par P l'effort à la circonférence de la poulie ou sur les dents de la roue d'engrenage.

Par V la vitesse à la circonférence.

Le travail par seconde sera $P \times V$

Le travail en chevaux sera $\dfrac{P \times V}{75}$ et si nous représentons par N la force en chevaux de la machine, nous aurons la formule du travail $N = \dfrac{P \times V}{75}$

Deux quelconque de ces quantités étant connues on peut déterminer la troisième, on verra bientôt l'importance de cette formule.

Une machine employée dans une carrière élève en 2 minutes un fardeau de 1000 kil. à une hauteur de 96 mètres. On suppose que le tambour qui sert à élever le fardeau soit monté sur l'arbre de couche. On demande la puissance de cette machine, c'est-à-dire le travail en chevaux qu'elle fait par seconde.

Dans 2 minutes il y a 120 secondes, la vitesse du fardeau sera alors de $\frac{96^m}{120"} = \overset{m.}{0,80}$

Nous appliquerons la formule précédente.

$$N = \frac{P \times V}{75}$$

$P = 1000$ kil. ou poids élevé.

$V = \overset{m}{0,80}$ vitesse.

N force en chevaux.

Remplaçons les lettres par leurs valeurs.

$$N = \frac{1000 \times 0,80}{75} = \overset{ch.}{10,6}$$

La puissance de cette machine sera au minimum de 10,6 chevaux.

Si le tambour est sur un autre arbre en dehors de la machine il faut tenir compte d'une certaine force pour toutes les résistances qui sont en dehors de l'arbre de couche; si on évaluait les résistances nuisibles dans ce cas, à 3 chevaux, la puissance de la machine serait alors de 14 chevaux; et si on en établissait une, ce serait sur cette dernière puissance qu'il faudrait compter.

37 TRAVAIL NÉCESSAIRE POUR ÉLEVER UNE CERTAINE QUANTITÉ D'EAU.— Lorsqu'on a de l'eau à élever, on considère l'eau élevée par seconde, exprimée en kil., et la hauteur totale à laquelle elle est élevée, exprimée en mètres, le produit de ces deux quantités donne le travail en kilogrammètres; pour l'avoir en chevaux on divise par 75.

Quel est le travail nécessaire pour élever 733 litres ou 733 kil. d'eau par seconde, à une hauteur de $\overset{m.}{4,90}$.

Travail par seconde $733 \times 4,90 = 3600$ kilogrammètres.

Travail en chevaux $\dfrac{733 \times 4,90}{75} = 48$ chevaux.

Le travail ou la puissance nécessaire pour élever 733 lit. d'eau par seconde à une hauteur de $\overset{m}{4,90}$ serait de 48 chevaux, non compris le travail nécessaire pour faire mouvoir les appareils qui servent à l'élever.

38 Quelle est la puissance d'une machine à vapeur qui élève au moyen d'une roue à aubes 2640 mètres cubes d'eau par heure, à une hauteur de 4,90$^{m.}$, en tenant compte d'une puissance de 5 chevaux nécessaire pour faire mouvoir la roue qui élève l'eau.

Cherchons d'abord la quantité d'eau élevée par seconde. La machine élève 2640 mètres cubes en une heure, et dans une heure il y a 3600 secondes, la quantité d'eau élevée en une seconde sera 3600 fois moindre.

$$\text{Eau élevée par seconde } \frac{2640}{3600} = 0,733^{m.c.c.} \text{ ou } 733 \text{ litres.}$$

La machine élève 733 litres ou 733 kil. d'eau par seconde à une hauteur de 4,90$^{m.}$, le produit de ces deux quantités donne le travail en kilogrammètres, et en divisant par 75 on a le travail en chevaux.

$$\text{Travail en chevaux } \frac{733 \times 4,90}{75} = 48 \text{ chevaux.}$$

Travail pour faire mouvoir la roue............ 5 chevaux.

Travail total ou puissance de la machine.. 53 chevaux.

Cette machine fait une force de 53 chevaux, c'est la machine à basse pression dont nous avons déjà parlé.

39 On veut établir une machine à vapeur pour élever d'un seul jet les eaux d'une ville à une hauteur de 158 mètres, l'eau élevée doit être de 68000 litres par heure. On emploie à cet effet 9 pompes aspirantes et foulantes, c'est-à-dire à piston plein. On compte pour les mouvements des pompes et le frottement de l'eau dans un long parcours de tuyaux une dépense de force de 24 chevaux. On veut connaître la puissance de la machine à vapeur qui sera capable de faire ce travail.

Cherchons d'abord le travail qu'exige l'élévation de l'eau. L'eau élevée doit être de 68000 litres par heure ; il y a 3600 secondes dans une heure, l'eau élevée par seconde sera 3600 fois plus petite.

$$\text{Eau élevée par seconde } \frac{68000}{3600} = 19 \text{ litres.}$$

Dans une seconde il faut élever 19 litres ou 19 kil. d'eau à une hauteur de 158 mètres, le produit de ces deux quantités donnera le travail en kilogrammètres et, en divisant par 75, on aura le travail en chevaux.

$$\text{Travail en chevaux } \frac{19 \times 158}{75} = 40 \text{ chevaux.}$$

Le travail dû à l'élévation de l'eau est de........... 40 chevaux.

Dépense de force pour faire mouvoir les appareils. 24 chevaux.

Travail total cu force de la machine à vapeur... 64 chevaux.

Pour faire le travail énoncé il faut établir une machine à vapeur de la force de 64 chevaux.

La Machine de Marly qui alimente la ville de Versailles est à peu près dans ces conditions là.

CALCUL DES POMPES.— Admettons que les 9 pompes soient pareilles et proposons-nous d'en déterminer les dimensions, en faisant faire à l'arbre qui les fait mouvoir 20 tours par minute.

Il nous suffit de déterminer les dimensions d'une pompe ; pour cela il faut d'abord en chercher le volume.

L'eau élevée est de 68000 litres par heure : dans une heure il y a 60 minutes, l'eau élevée par minute sera 60 fois moindre.

$$\text{Eau élevée par minute } \frac{68000}{60} = 1130 \text{ litres.}$$

L'arbre fait 20 tours en une minute, l'eau élevée dans un tour sera encore 20 fois moindre.

$$\text{Eau élevée dans un tour } \frac{1130}{20} = 57 \text{ litres.}$$

Dans un tour de l'arbre l'eau élevée par les 9 pompes est de 57 litres, une seule pompe en élèvera 9 fois moins.

$$\text{Eau élevée par une pompe } \frac{57}{6} = 6,3 \text{ } ^{lit.}$$

Mais afin qu'une pompe élève 6,3 $^{lit.}$ d'eau il faut que le volume engendré par son piston, soit plus grand, c'est-à-dire les $\frac{4}{3}$ de $\overset{lit.}{6,3}$.

Volume engendré par le piston d'une pompe $\frac{4}{3} \times 6,3 = \overset{lit.}{8,4}$

Le volume engendré par le piston de chaque pompe sera de $\overset{lit.}{8,4}$ ou $\overset{m.c.c.}{0,0084}$ (il faut remarquer qu'une pompe n'élève l'eau qu'une fois dans un tour.)

Si nous donnons aux pompes une course de $\overset{m.}{0,300}$ nous pourrons alors déterminer le diamètre par la formule suivante :

$$d^2 = \frac{1,273 \times v}{h}$$

$v = \overset{m.c.c.}{0,0084}$ vol. du corps de pompe.

$h = \overset{m}{0,300}$ course du piston.

d diamètre du piston.

Remplaçons les lettres par leurs valeurs.

$$d^2 = \frac{1,273 \times 0,0084}{0,300} = 0,0355 \text{ extrayant la racine carrée.}$$

$$d = \sqrt{0,0355} = \overset{m}{0,188} \text{ de diamètre intérieur.}$$

Résumons ce que nous avons trouvé.

Puissance de la machine à vapeur..	64 chevaux.
Eau élevée par heure......................	68000 litres.
Hauteur à laquelle l'eau est élevée..	158 mètres.
Nombre de pompes employées	9
Course de chaque pompe.................	$\overset{m.}{0,300}$
Diamètre intérieur de chaque pompe.	$\overset{m.}{0,188}$

Quoique les excentriques dépensent beaucoup de force motrice, on les emploie cependant afin d'éviter les arbres coudés. On appelle rayon d'excentricité dans ces sortes de cames, la distance du centre de l'arbre au centre du plateau de l'excentrique ; cette distance égale la $\frac{1}{2}$ course, ici le rayon d'excentricité égale $\overset{m.}{0,150}$. Si on emploie 9 excentriques pour faire mouvoir les pompes, ils devront être calés sur l'arbre qui les porte, de manière que leurs rayons d'excentricité soient également espacés dans le sens du contour de l'arbre.

NOMBRE DE TOURS D'UN ARBRE DESTINÉ A FAIRE MOUVOIR DES POMPES.— Dans les pompes on a remarqué que la vitesse du piston la plus convenable était de $0,16$ à $0,25$.

La vitesse du piston est l'espace qu'il parcourt en une seconde.

APPLICATION. On veut savoir le nombre de tours que doit faire un arbre destiné à faire mouvoir une pompe dont la course est de $0,300$; on veut que la vitesse du piston soit de $0,20$.

On prendra la formule suivante.

$$n = \frac{60 \times v}{2 \times c}$$

$v = 0,20$ vitesse du piston.

$c = 0,300$ course du piston.

n nombre de tours de l'arbre.

Remplaçons les lettres par leurs valeurs.

$$n = \frac{60 \times 0,20}{2 \times 0,300} = \frac{12}{0,60} = 20 \text{ tours.}$$

L'arbre qui doit faire mouvoir la pompe devra faire 20 tours par minute. Ce que nous avons supposé dans l'application précédente.

40 Dans une roue d'engrenage on appelle *circonférence primitive* celle $a\ b$ qui passe vers le milieu des dents.

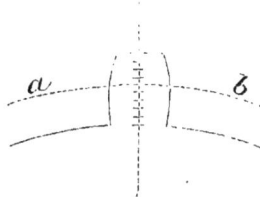

Le diamètre de cette circonférence se nomme *Diamètre Primitif* et s'indique $D\ P$.

Lorsque deux roues engrènent ensemble, ce sont les circonférences primitives qui sont en contact.

Lorsqu'on dit une roue a tel diamètre, c'est toujours le diamètre primitif que l'on entend.

Vitesse d'une roue d'engrenage : c'est la vitesse à la circonférence primitive de la roue.

Une roue d'engrenage fait 28 tours en une minute; son diamètre primitif est de $1, \overset{m}{2}0$: quelle est la vitesse de cette roue?

Nous appliquons la formule de la vitesse.

$$V = \frac{\pi \, d \, n}{60}$$

$d = \overset{m}{1},20$ diamètre primitif.

$n = 28$ tours.

V vitesse en mètres.

Remplaçant les lettres par leurs valeurs on a :

$$V = \frac{3,14 \times 1,20 \times 28}{60} = \overset{m}{1}, 76$$

La vitesse de la roue sera de $\overset{m}{1}, 76$.

Je suppose que cette roue soit montée sur l'arbre de couche d'une machine à vapeur de 30 chevaux, elle transmet donc à l'usine cette puissance. Mais nous avons vu que le travail dont une machine à vapeur était capable sur la première roue d'engrenage était représenté par l'*effort* multiplié par la *vitesse* divisé par 75.

c'est-à-dire par $N = \dfrac{P \times V}{75}$

Nous connaissons la vitesse V qui égale $\overset{m.}{1},76$ et le travail N de 30 chevaux, on peut donc déterminer P qui est l'effort transmis, ou la pression sur les dents, pour cela mettons la formule sous la forme suivante :

$$P = \frac{N \times 75}{V}$$

$N = 30$ force en chevaux

$V = \overset{m}{1}, 76$ vitesse à la circ. prim.

P Effort sur les dents.

Remplaçant les lettres par leurs valeurs on a :

$$P = \frac{30 \times 75}{1,76} = 1280 \text{ kil.}$$

La pression sur les dents de la roue sera de 1280 kil.

Nous savons déterminer la pression qui agit sur les dents d'une roue, on peut donc se proposer de trouver l'épaisseur des dents.

Trouver l'épaisseur qu'il faut donner aux dents d'une roue d'engrenage pour résister à un effort de 1280 kil.

Pour calculer l'épaisseur des dents en fonte, M. Morin donne la formule suivante.

$$e = 0,105 \sqrt{P}$$

$P = 1280$ kil. effort sur les dents.

e épaisseur en centimètres.

Remplaçant P par sa valeur on aura :

$$e = 0,105 \sqrt{1280} = 0,105 \times 35,8 = \overset{c.}{3}, 8 \text{ ou } 38 \text{ mil.}$$

(Racine carrée de 1280 égale 35,8.)

Nous avons pris l'exemple d'une machine existante; on a mis en effet 38 mil.

Comme il est impossible d'établir une règle générale, la pratique y est pour beaucoup dans l'application de toutes les formules.

Remarquons que l'effort 1280 kil. qui agit sur les dents de la roue, d'abord comme résistant à la puissance de la vapeur qui agit à l'extrémité de la manivelle, tend à tordre l'arbre de couche, on devra donc déterminer le diamètre de l'arbre de couche par la torsion.

M. Morin donne la formule suivante pour déterminer le diamètre d'un arbre de couche d'une machine à vapeur, lorsqu'on connaît l'effort sur les dents et le rayon de la roue, ou l'effort et la longueur du levier à l'extrémité duquel agit cet effort.

$R = 0,\overset{m}{60}$ rayon de la roue.

Fer ou fonte $d^3 = \dfrac{PR}{131000}$ $P = 1280 \overset{kil.}{}$ effort sur les dents.

d diamètre de l'arbre en mèt^{res}

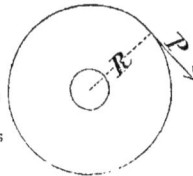

Remplaçons les lettres par leur valeur

$$d^3 = \frac{1280 \times 0,60}{131000} = 0,0059 \quad \text{extrayant la racine cubique}$$

$$d = \sqrt[3]{0,0059} = 0,182^{m}$$

Le diamètre de l'arbre à l'endroit des coussinets sera de 182 mil. on a donné à cet arbre qui est en fonte 190 mil. (La puissance de la machine dépasse 30 chevaux.)

Dans ces quelques questions nous avons résolu celle-ci :

Une machine à vapeur de 30 chevaux, dont l'arbre doit faire 28 tours, est destinée à donner le mouvement à une usine au moyen d'une roue d'engrenage de $1,20^{m.}$ de diamètre; on demande l'épaisseur des dents de la roue, et le diamètre de l'arbre de couche pour qu'ils transmettent cette puissance sans crainte de rupture. Résumons la marche que nous avons suivie :

1° Vitesse à la circonférence primitive de la roue.

$d = 1,20^{m.}$ diamètre.

$n = 28$ tours.

$$V = \frac{\pi\, d\, n}{60} = \frac{3,14 \times 1,20 \times 28}{60} = 1,76^{m}$$

V vitesse.

La vitesse de la roue est de $1,76^{m.}$.

2° Effort sur les dents.

$N = 30$ chevaux.

$V = 1,76^{m.}$ vitesse.

$$P = \frac{N \times 75}{V} = \frac{30 \times 75}{1,76} = 1280 \text{ kil.}$$

P effort.

L'effort sur les dents est de 1280 kil.

3° Epaisseur des dents en fonte.

$P = 1280$ kil. effort.

e épaisseur en cent.

$$e = 0,105 \sqrt{P} = 0,105 \sqrt{1280} = 0,105 \times 35,8 = 3,8^{c.}$$

L'épaisseur des dents est de 38 mil.

Cette roue engrène avec une autre à dents en bois : on prendra la formule suivante pour en déterminer l'épaisseur.

$P = 1280$ kil. effort.

E épaisseur en cent.

$$E = 0,145 \sqrt{1280} = 0,145 \times 35,8 = 5,2\overset{c.}{}$$

Les dents en bois auront 52 mil. d'épaisseur : on a mis 54 mil. (en cormier.)

La largeur des dents est en moyenne 5 fois l'épaisseur, la longueur des dents est $\frac{1}{3}$ en plus de l'épaisseur (fonte). [1]

Diamètre de l'arbre de couche (fonte.)

$P = 1280$ kil.

$R = 0,60 \overset{m}{}$

d diamètre.

$$d^3 = \frac{PR}{131000} = \frac{1280 \times 0,60}{131000} = 0,0059$$

$$d = \sqrt[3]{0,0059} = 0,182 \overset{m}{}$$

Le diamètre de l'arbre de couche, à l'endroit des coussinets, sera de 182 mil.

41 Une roue hydraulique, de la force de 37 chevaux, faisant 3 tours par minute, doit recevoir sur son arbre une roue d'engrenage de $4,67\overset{m}{}$ de diamètre afin de transmettre le mouvement à l'usine ; on demande l'épaisseur qu'il faut donner aux dents de cette roue.

Nous suivrons exactement la même marche que dans l'exemple précédent.

1° La vitesse à la circonférence primitive ;

2° L'effort sur les dents de la roue ;

3° L'épaisseur des dents de la roue.

[1] La longueur des dents est mesurée sur le sens du rayon ;
La largeur dans le sens de la longueur de l'arbre.

4

1° Vitesse à la circonférence primitive.

$P = \overset{m}{4},67$ diamètre.

$n = 3$ tours.

V vitesse.

$$V = \frac{\pi\, d\, n}{60} = \frac{3,14 \times 4,67 \times 3}{60} = \overset{m}{0},73$$

La vitesse de la roue sera de $\overset{m}{0},73$.

2° Effort sur les dents de la roue.

$N = 37$ chevaux

$V = \overset{m.}{0},73$ vitesse

P effort sur les dents.

$$P = \frac{N \times 75}{V} = \frac{37 \times 75}{0,73} = 3800 \text{ kil.}$$

L'effort sur les dents de la roue sera 3800 kil.

3° Epaisseur des dents.

Il faut remarquer que cette roue transmet sa puissance par moitié à deux pignons, l'effort sur les dents de chaque pignon sera un $\frac{1}{2}$ de 3800 ou 1900 kil.

$P = 1900$ kil. effort.

e épaisseur en cent.

$$e = 0,105 \sqrt{P} = 0,105 \sqrt{1900} = 0,105 \times 43,6 = \overset{c}{4},6$$

L'épaisseur des dents de la roue et des pignons sera de 46 mil.

Le mouvement ici est assez lent puisque la vitesse n'est que de $\overset{m.}{0},73$; dans les mouvements lents on peut réduire un peu l'épaisseur.

CALCUL DE L'ARBRE EN BOIS DE CETTE ROUE HYDRAULIQUE. — La roue d'engrenage est calée sur l'arbre ; l'effort 3800 kil., qui agit sur la roue, résiste d'abord à la puissance de l'eau et tend à tordre l'arbre.

M. MORIN donne la formule suivante, pour le calcul d'un arbre en bois à 8 pans et relative à la torsion.

$$d^s = \frac{P\,R}{21800}$$

$P = 3800$ kil. effort

$R = \overset{m.}{2},34$ rayon de l'engrenage

d diamètre de l'arbre

Remplaçant les lettres par leurs valeurs :

$$d^3 = \frac{3800 \times 2,34}{21800} = 0,41 \qquad \text{extrayant la racine cubique}$$

$$d = \sqrt[3]{0,41} = \overset{m.}{0,743} \text{ de diamètre.}$$

Le petit diamètre de l'arbre sera de 743 mil., on a donné à cet arbre 750 mil.

Cet arbre a $\overset{m.}{8,60}$ de longueur et supporte sur ses tourillons près de 20000 kil. ; on voit que ces arbres doivent aussi être calculés d'après la charge supportée.

Nous renvoyons le lecteur à l'*Aide-Mémoire* de M. Morin.

On a rapporté à l'arbre de cette roue des tourillons en très bon fer, calés dans des manchons à ailettes (fonte). La roue en mouvement pèse sur ses tourillons 20000 kil., quelle dimension faut-il donner à ces tourillons pour résister à la charge comme aussi à l'usure ?

Pour les tourillons des roues hydrauliques on donne la formule suivante : (N° 8.)

$$d = 3 \times \sqrt[3]{P} \qquad \begin{array}{l} d \text{ diamètre des tourillons en cent.} \\ P = 200^{q.} \text{ charge totale en quintaux.} \end{array}$$

Remplaçant P par sa valeur :

$$d = 3\sqrt[3]{200} = 3 \times 5,85 = 17,\overset{c.}{5} \text{ s'ils étaient en fonte, on multiplie par 0,86 pour avoir le tourillon en fer.}$$

Tourillon en fer $d = 17,5 \times 0,86 = 15$ c. ou 150 mil.

Le diamètre à donner à ces tourillons sera de 150 mil. on a mis 140 mil., ils sont aciérés.

Quelle est la charge que supportent ces tourillons par cent. carré de section ?

Il faut chercher la surface du cercle et diviser la charge que supporte un tourillon par cette surface exprimée en cent. carrés.

1 tourillon supporte 10000 kil.

$d = 14^c$ diamètre du tourillon en centimètres.

Surface du cercle $s = \dfrac{d^2}{1{,}273} = \dfrac{14 \times 14}{1{,}273} = 154$ cent. carrés.

$$\dfrac{\overset{kil.}{10000}}{154} = \overset{kil.}{65} \text{ par cent. carré.}$$

Chaque tourillon supporte 65 kil. par centimètre carré.

42 En moyenne, on fait supporter aux tourillons en fer 70 kil. par cent. carré de section ou de surface ; et aux tourillons en fonte, 50 kil. aussi par centimètre carré, moins pour les petits tourillons et plus pour les grands, cela dépend aussi de l'usage auquel on les destine.

Quand les tourillons sont exposés à des chocs il n'y a que la pratique à consulter.

Quel diamètre faut-il donner à un tourillon en fer qui doit supporter une charge de 5000 kil.? Prenons 70 kil. p.c.c.

La section d'un tourillon est la surface du cercle qui le forme.

Nous aurons pour la section du tourillon autant de centimètres carrés que 5000 contiendra 70.

Section du tourillon $s = \dfrac{5000}{70} = 71$ cent. carrés.

Il faut déterminer le diamètre d'un cercle ayant 71 c. c. de surface.

Diamètre du tourillon $d^2 = 1{,}273 \times s = 1{,}273 \times 71 = 90$; extrayant la racine carrée on a $d = \sqrt{90} = 9,\overset{c}{5}$

Le diamètre du tourillon en fer qui doit supporter 5000 kil. sera de 95 mil. La longueur d'un tourillon doit être au moins égale au diamètre.

Quel doit être le diamètre d'un tourillon en fonte devant supporter 5000 kil. ?

Nous ferons comme précédemment en faisant supporter à ce tourillon 50 kil. par cent. carré de section.

Section du tourillon $s = \dfrac{5000}{50} = 100$ cent. carrés.

Diamètre du tourillon $d^2 = 1{,}273 \times s = 1{,}273 \times 100 = 127$

extrayant la racine carrée on a $d = \sqrt{127} = 11{,}6\ ^{c}$

Le diamètre du tourillon en fonte devant supporter 5000 kil. sera de 116 mil.

43 CALCUL DES PRINCIPALES PIÈCES D'UNE MACHINE A VAPEUR. — Nous prendrons une machine existante, afin de comparer les résultats.

Machine à vapeur à basse pression, à balancier : le diamètre du cylindre est de 0,856 ^{m} et la course de 1,846 ^{m}, la tension de la vapeur dans la chaudière doit être au plus de 1, 25 $^{atm.}$

Il faut connaître la pression qui fait marcher le piston, car c'est elle qui agit sur toutes les pièces du mécanisme. On se rappelle que ces machines sont à condensation, alors la pression qui s'oppose à la marche du piston est de 0,15 $^{k.}$ par cent carré.

Pression de la vapeur sur le piston 1, 25 $^{atm.}$ ou...... 1, 25 $^{k.}$ p.c.c.

Pression qui s'oppose à la marche du piston...... 0, 15 $^{k.}$ p.c.c.

$\overline{}$

Différence.................... 1, 10 $^{k.}$

La pression par cent. carré, qui fait marcher le piston, sera de 1,10 $^{k.}$ qui, multipliée par la surface du piston, exprimée en cent. carrés, donnera la force qui le fait mouvoir.

Surface du piston $s = \dfrac{d^2}{1{,}273} = \dfrac{85{,}6\ ^{c} \times 85{,}6\ ^{c}}{1{,}273} = 5800$ cent. carrés

(nous avons exprimé le diamètre en centimètres)

Force qui fait mouvoir le piston $5800 \times 1, 10\ ^{k.} = 6400$ kil.

C'est donc aussi 6400 kil. qui agissent à l'extrémité du balancier pour le faire marcher.

Actuellement nous avons à l'extrémité du balancier les 2 tourillons des grosses menottes, ils supporteront chacun la moitié de 6400 kil. ou 3200 kil.

Ces tourillons se font le plus souvent en fer, du moins les petits, ici nous les mettrons en fonte, comme dans la machine que nous suivons, en leur faisant supporter 50 kil. p.c.c.

Pour tenir compte du poids des pièces qui pèsent sur ces tourillons, nous porterons la pression sur chacun d'eux à 3450 kil.

Surface du tourillon $s = \dfrac{3450}{50} = 69$ cent. carrés.

Diamètre du tourillon $d^2 = 1,273 \times s = 1,273 \times 69 = 88$ extrayant la racine carrée on a $d = \sqrt{88} = \overset{c}{9}, 4$ de diamètre.

Le diamètre des tourillons des grosses menottes du parallèlogramme sera de 94 mil. on a donné 100 mil.

Le diamètre des tourillons des menottes de la pompe à air sera les $\dfrac{2}{3}$ du précédent : $\dfrac{2}{3} \times 94 = 63$ mil. de diamètre ; on les a mis en fer et on a donné 56 mil.

Les tourillons qui sont à l'autre extrémité du balancier, et recevant la bielle en fonte, auront le même diamètre, 94 mil.

BOUTON DE LA MANIVELLE.— Le bouton de la manivelle reçoit aussi l'effort du piston par l'intermédiaire du balancier et de la bielle.

Effort sur le bouton 6400 kil. ; nous le ferons en fer, en lui faisant supporter 70 kil. par cent. carré.

Surface du bouton $s = \dfrac{6400}{70} = 92$ cent. carrés.

Diamètre du bouton $d^2 = 1,273 \times s = 1,273 \times 92 = 117$ extrayant la racine carrée on a $d = \sqrt{117} = \overset{c.}{10}, 8$ de diamètre.

Le diamètre du bouton de la manivelle doit avoir 108 mil., on a mis ce bouton en fer auquel on a donné 108 mil.

TOURILLONS DE L'ARBRE DU BALANCIER.— Une même force agit à chaque extrémité du balancier, par conséquent son arbre supporte une charge double de celle du piston.

Charge sur l'arbre du balancier $6400 \times 2 = 12800$ kil., ajoutons 3000 kil. pour le poids du balancier et de son équipage, alors la charge totale sur les tourillons de l'arbre du balancier sera de 15800 kil.

Charge sur un tourillon 7900 kil.; nous mettrons l'arbre en fonte, en faisant supporter à ses tourillons 50 kil. p. c. c.

$$\text{Section du tourillon } s = \frac{7900}{50} = 158 \text{ cent. carrés.}$$

Diamètre du tourillon $d^2 = 1,273 \times 158 = 200 \qquad$ extrayant la racine carrée on a $d = \overset{c.}{\sqrt{200}} = 14,2$.

Le diamètre des tourillons de l'arbre du balancier sera de 142 mil. on a donné à ces tourillons en fonte 156 mil. ce qui équivaut à 42 kil. p. c. c. environ. Il est évident que le corps de l'arbre du balancier doit être bien plus fort, on lui a donné 187 mil.

BALANCIER EN FONTE.— On donne ordinairement à la longueur du balancier, de centre en centre, 3,08 fois la course du piston qui est ici de $\overset{m.}{1},846$.

Longueur du balancier $3,08 \times \overset{m.}{1},846 = \overset{m.}{5},686$.

La longueur du balancier serait de $\overset{m.}{5},686$; on a donné au balancier existant $\overset{m.}{5},488$.

PANNEAU DU BALANCIER.— M. MORIN donne la formule suivante pour trouver la hauteur du panneau du balancier, en faisant l'épaisseur $\frac{1}{16}$ de la hauteur.

$$b^2 = \frac{P\,L}{52000}$$

$\overset{kil.}{P} = 6400$ pression sur le piston.

$\overset{m.}{L} = 2,85\frac{1}{2}$ balancier.

b hauteur du panneau.

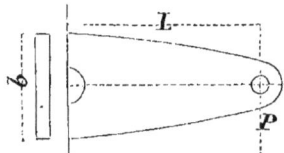

Remplaçant les lettres par leurs valeurs on a :

$$b^3 = \frac{6400 \times 2,85}{52000} = 0,350 \qquad \text{extrayant la racine cubique}$$

$$b = \sqrt[3]{0,350} = 0,705^m.$$

La hauteur du panneau du balancier sera de 705 mil.

Epaisseur du panneau $\frac{1}{16} \times 705 = 44$ mil.

On a donné au balancier existant 828 mil. de hauteur sur 45 mil. d'épaisseur.

Il faut remarquer que le vide fait dans le balancier pour le passage de l'arbre doit être compensé par un fort moyeu, et à défaut on augmente la hauteur. On sait que ces balanciers portent de fortes nervures. Autre application qui coïncide avec la formule (N° 46.)

ARBRE DE COUCHE DE LA MACHINE (fonte).— On calcule l'arbre de couche par la torsion comme on a vu (N° 40).

Nous ne connaissons pas la roue qui va sur l'arbre, à défaut on considère la manivelle comme si c'était la roue et on cherche :

1° La vitesse du bouton ;

2° L'effort en tournant qui agit sur le bouton ;

3° Le diamètre de l'arbre.

La manivelle de centre en centre égale la $\frac{1}{2}$ course du piston, que l'on nomme rayon de la manivelle; alors le diamètre de la circonférence, décrite par le bouton de la manivelle que nous consi-dérons, égalera la course ou $1,846^m.$ Le nombre de tours de la manivelle est de 18 en une minute.

1° Vitesse du bouton.

$d = 1,846^m$ course

$n = 18$ tours.

$$V = \frac{\pi\, d\, n}{60} = \frac{3,14 \times 1,846 \times 18}{60} = 1,74^m$$

V vitesse du bouton.

La vitesse du bouton sera de $1,74^m.$

2° **Effort en tournant.** Nous avons vu que cette machine fait la force de 53 chevaux.

$N = 53$ chevaux.
$V = 1,74$ $P = \dfrac{N \times 75}{V} = \dfrac{53 \times 75}{1,74} = 2300$ kil.
P effort en tournant.

L'effort qui agit sur le bouton en tournant est de 2300 kil.

3° Diamètre de l'arbre de couche.

$P = 2300$ kil. effort.
$R = 0,923$ manivelle. $d^3 = \dfrac{PR}{131000} = \dfrac{2300 \times 0,923}{131000} = 0,0162$ extrayant
d diamètre de l'arbre.

la racine cubique on a $d = \sqrt[3]{0,0162} = 0,253$ de diamètre.

Le diamètre de l'arbre de couche, à l'endroit des tourillons, doit être de 253 mil., on a donné à l'arbre existant 255 mil.

TIGE DU PISTON. — Dans les machines à basse pression, le diamètre de la tige du piston est $\dfrac{1}{10}$ de celui du piston moteur. (856 mil.)

Tige du piston $\dfrac{1}{10} \times 856 = 86$ mil.

On a donné à la tige existante 91 mil. de diamètre.

Dans les machines à haute pression on donne ordinairement au diamètre de la tige $\dfrac{1}{7}$ de celui du piston.

BIELLE EN FONTE. — La bielle en fonte doit être bien plus forte que la tige du piston : 1° parce qu'on doit lui faire supporter moins par cent. carré et 2° parce qu'elle doit, autant que possible, équilibrer tout l'équipage qui se trouve à l'autre extrémité du balancier.

On va quelquefois jusqu'à mettre son diamètre cylindrique double de celui de la tige du piston.

On peut mettre en moyenne 1,8 la tige du piston ; on a trouvé pour cette dernière 86 mil.

Diamètre de la bielle en fonte : 1,8 × 86 = 155 mil.

Le diamètre de la partie cylindrique de la bielle en fonte sera de 155 mil. on a mis à la bielle existante 167 mil., voyons l'effort que supporte cette dernière bielle par cent. carré de section.

La bielle transmet l'effort (6400 kil.) du piston à la manivelle, en divisant cet effort par la surface, ou la section de la bielle exprimée en cent. carrés, on aura l'effort de traction ou de compression qu'elle éprouve par cent. carré.

$$d \overset{c.}{=} 16,7 \text{ diamètre de la bielle.}$$

Section de la bielle $s = \dfrac{d^2}{1,273} = \dfrac{16,7 \times 16,7}{1,273} = 220$ cent. carrés.

Effort par cent. carré $\dfrac{6400}{220}$ 29 kil. par cent. carré.

L'effort par cent. carré est de 29 kil.

On peut bien leur faire supporter davantage sans craindre la rupture, surtout pour de plus fortes pressions. Le diamètre (155 mil.) que nous avons trouvé correspondrait à un effort de 34 kil. par cent. carré.

La longueur de ces bielles est ordinairement 5 à 6 fois la manivelle, la bielle existante porte $\overset{m.}{5,319}$ de centre en centre.

Lorsqu'on emploie des bielles en fer, il faut que leur plus petit diamètre soit au moins égal à celui de la tige du piston.

Voyons l'effort que supporte la tige du piston moteur.

L'effort qui tend à faire fléchir la tige est celui qui fait marcher le piston ou 6400 kil. Nous faisons les calculs comme précédemment.

$$d \overset{c.}{=} 9,1 \text{ diamètre de la tige.}$$

Section de la tige $= s \dfrac{d^2}{1,273} = \dfrac{9,1 \times 9,1}{1,273} = 65$ cent. carrés.

Effort par cent. carré $\dfrac{6400}{65} = 100$ kil. environ.

La longueur de tige est d'environ $2,\overset{m}{20}$.

Rapport de la longueur de la tige à son diamètre $\dfrac{2,20}{0,091} = 24$ fois la section ; avec ce rapport, mais pour de plus fortes pressions, il n'est pas étonnant de rencontrer des tiges qui supportent 200 kil. p.c.c. Nous allons donner une application qui se rapporte à peu-près à ce que nous venons de dire.

44 Quel est le diamètre d'une tige de piston d'une machine à vapeur à détente, de la force de 100 chevaux, la tension de la vapeur dans la chaudière est de 5 atm., le diamètre du piston de $0,86\overset{m.}{2}$ et la course de 2 mètres.

Cherchons d'abord la force qui fait marcher le piston et qui tend à faire fléchir la tige.

Pression de la vapeur 5 atm. ou.............................. 5 kil. p. c. c.
Pression qui s'oppose à la marche du piston 1 atm. ou 1 kil. p. c. c.

Pression qui fait marcher le piston........................... 4 kil. p. c. c.
qui, multipliée par la surface du piston, exprimée en cent. carré, donne la force qui le fait mouvoir.

$d = 86,\overset{c.}{2}$ diamètre du cylindre ou du piston.

Surface du piston $s = \dfrac{d^2}{1,273} = \dfrac{86,2 \times 86,2}{1,273} = 5800$ cent. carrés.

Force qui fait mouvoir le piston $5800 \times 4 = 23200$ kil.

Ainsi l'effort qui agit sur la tige est de 23200 kil.

Faisons supporter à cette tige 200 kil. p. c. c., nous aurons autant de cent. carrés pour la section de la tige que 23200 kil. contiendra 200 kil.

Section de la tige $s = \dfrac{23200}{200} = 116$ cent. carrés.

Diamètre de la tige $d^2 = 1,273 \times s = 1,273 \times 116 = 147$ extrayant la racine carrée on a $d = \sqrt{147} = 12,1$.

Le diamètre de la tige du piston sera de 121 mil., on a donné à la tige existante 120 mil.

La longueur de tige est de $2,50$, le rapport de la longueur au diamètre sera :

Rapport de la longueur de la tige à son diamètre $\dfrac{2,50}{0,120} = 21$ fois la section.

On remarque aussi que le diamètre de la tige est $\dfrac{1}{7}$ de celui du piston, car on a $\dfrac{862}{120} = 7$ environ.

45 Trouver le nombre et le diamètre des boulons nécessaires pour maintenir le couvercle du cylindre d'une machine à vapeur, la tension de cette dernière étant de 5 atm. et le diamètre intérieur du cylindre de $0,600$.

L'effort de traction qui tend à soulever le couvercle est égal à la pression intérieure, diminuée de la pression extérieure ou 1 atm.

Pression intérieure 5 atm. ou .... 5 kil. p. c. c.
Pression extérieure 1 atm. ou .... 1 kil. p. c. c.

Pression qui tend à soulever le couvercle............ 4 kil. p. c. c.
qui, multipliée par la surface intérieure du couvercle, donne l'effort qui tend à le soulever, et qui agit sur les boulons.

$d = 60$ c. diamètre du cylindre

Surface intérieure du couvercle $s = \dfrac{d^2}{1.273} = \dfrac{60 \times 60}{1,273} = 2820$ cent.carrés

Effort qui agit sur les boulons $2820 \times 4 = 11280$ kil.

L'effort qui agit sur la totalité des boulons est donc de 11280 kil.

Mettons 10 boulons à ce cylindre, l'effort qui agit sur un boulon sera 10 fois plus petit.

Effort sur 1 boulon, 1128 kil.

En moyenne, pour un effort de traction on peut faire supporter à une barre de fer 600 kil. par cent. carré de section ; nous calculerons le diamètre du corps du bouton en lui faisant supporter 150 kil. seulement, afin d'obtenir une dimension assez forte pour le noyau de la partie filetée.

Nous aurons autant de cent. carrés pour la section du boulon que 1128 contiendra 150.

$$\text{Section du boulon } s = \frac{1128}{150} = 7,5^c$$

Diamètre du boulon $d^2 = 1,273 \times s = 1,273 \times 7,5 = 9,6$ extrayant la racine carrée, on a $d = \sqrt{9,6} = 3,1^c$

Le diamètre de chacun des boulons sera de 31 mil. et il y en aura 10.

Ce cylindre existe et on a donné à-peu-près ces dimensions.

Pour des pressions inférieures on se tiendra au-dessous de 150 kil. p. c. c.

46 Balancier d'une machine à vapeur de la force de 20 chevaux, le diamètre du cylindre étant de 620 mil.

Pression de la vapeur 1,25$^{atm.}$ ou...................... 1,25$^{kil.}$ p. c. c.

Pression qui s'oppose à la marche........................ 0,15$^{kil.}$ p. c. c.

Pression qui fait mouvoir le piston...................... 1,10$^{kil.}$ p. c. c.

$d = 62$ c. diamètre du piston.

$$\text{Surface du piston } s = \frac{d^2}{1,273} = \frac{62 \times 62}{1,273} = 3020 \text{ cent. carrés.}$$

Force qui fait mouvoir le piston $3020 \times 1,10 = 3320$ kil.

Longueur du $\frac{1}{2}$ balancier........................ 1,884$^{m.}$

Appliquons la même formule que celle employée (page 55).

Hauteur du panneau du balancier $b^3 = \dfrac{P\,L}{52000}$ $\quad$ P=3320 kil. effort.
$\quad L=1,884\overset{m}{} \frac{1}{2}$ balancier.

Remplaçons les lettres par leurs valeurs :

$$b^3 = \frac{3320 \times 1,884}{52000} = 0,120 \qquad \text{extrayant la racine carrée}$$

$$b = \sqrt{0,120} = 0,\overset{m}{}493.$$

La hauteur du balancier en fonte sera de .... 493 mil.

Epaisseur du panneau $\frac{1}{16}$ de 493 égale .... 31 mil.

Le balancier existant porte $\left\{ \begin{array}{l} \text{hauteur du panneau} \quad 492 \text{ mil.} \\ \text{épaisseur} .... \quad 30 \text{ mil.} \end{array} \right.$

47 Volant de la machine à vapeur de 53 chevaux.

Afin que cette machine ait un mouvement régulier, elle exige un volant du poids de 5184 kil., l'emplacement permet de lui donner un diamètre moyen de $6,\overset{m}{}427$. On demande les dimensions de l'anneau à section rectangulaire, en faisant l'un des côtés moitié de l'autre.

Dans le calcul des machines on entend par poids du volant celui de l'anneau seulement.

Pour déterminer les dimensions du volant on se servira de la formule suivante : (On fera a égal à un $\frac{1}{2}$ de b.)

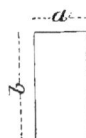

$$b^2 = \frac{P}{D \times 11500}$$

P=5184 kil. poids de l'anneau.
$D=6,\overset{m}{}427$ diam^{tre} moyen de l'anneau.
b dimension de la jante dans le sens du rayon.

Remplaçant les lettres par leurs valeurs on a :

$$b^2 = \frac{5184}{6,427 \times 11500} = 0,070 \qquad \text{extrayant la racine carrée}$$

$$b = \sqrt{0,070} = \overset{m}{0},265 \qquad \text{ou } b = 265 \text{ mil.}$$

$$a = \frac{1}{2}\, 265 = 133 \text{ mil.}$$

La largeur de la jante, dans le sens du rayon, sera de 265 mil., l'épaisseur de 133 mil., et le diamètre extérieur de

$$\overset{m.}{6,427} + \overset{m.}{0,265} = \overset{m.}{6,692}$$

Le diamètre extérieur du volant sera de $\overset{m.}{6,692}$.

Le volant existant porte $\left\{ \begin{array}{l} b = 305 \text{ mil.} \\ a = 117 \text{ mil.} \end{array} \right\}$ ce qui donne la même surface.

48 On donne souvent aux volants une forme arrondie (fig. ci-dessous); pour en déterminer les dimensions, on prendra la formule qui suit : (on fera a égal à d, et b égal à un $\frac{1}{2}$ de d).

Le poids de l'anneau d'un volant pèse 4800 kil., le diamètre moyen est de $\overset{m.}{5},70$. On demande les dimensions de la jante.

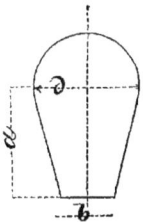

$$d^2 = \frac{P}{D \times 26000}$$

$P = 4800$ kil. poids de l'anneau.

$D = \overset{m}{5}, 70$ diam^{tre} moyen du volant

d diamètre de la jante (fig. ci-contre)

Remplaçant les lettres par leurs valeurs :

$$d^2 = \frac{4800}{5,70 \times 26000}\, 0,0324 \qquad \text{extrayant la racine carrée}$$

$$d = \sqrt{0,0324} = \overset{m}{0},180 \qquad \text{ou } d = 180 \text{ mil.}$$

$$a = d = 180 \text{ mil.}$$

$$b = \frac{1}{2}\, d = 90 \text{ mil.}$$

La hauteur totale de l'anneau, dans le sens du rayon, égale $180 + 90 = 270$ mil.

Diamètre extérieur du volant $\overset{m.}{5,70} + \overset{m.}{0,270} = \overset{m.}{5,970}$.

Le Diamètre extérieur du volant, sera de $\overset{m.}{5,970}$.

Telles sont les dimensions du volant d'une machine existante de 30 chevaux,

On trouvera dans l'*Aide-Mémoire* de M. MORIN, le poids d'un volant capable de donner la régularité convenable à une machine à vapeur ; les dimensions d'un cylindre de machine à vapeur capable de telle force en chevaux donnée ; la force des cours d'eau et le calcul des roues hydrauliques ; la résistance des matériaux et une foule de questions de la plus haute importance.

TABLE

Pour ce qui tient du calcul, on ne doit jamais chercher
à comprendre en lisant seulement; on prend un crayon et on
copie d'abord, tout en effectuant les calculs qui sont indiqués.

28

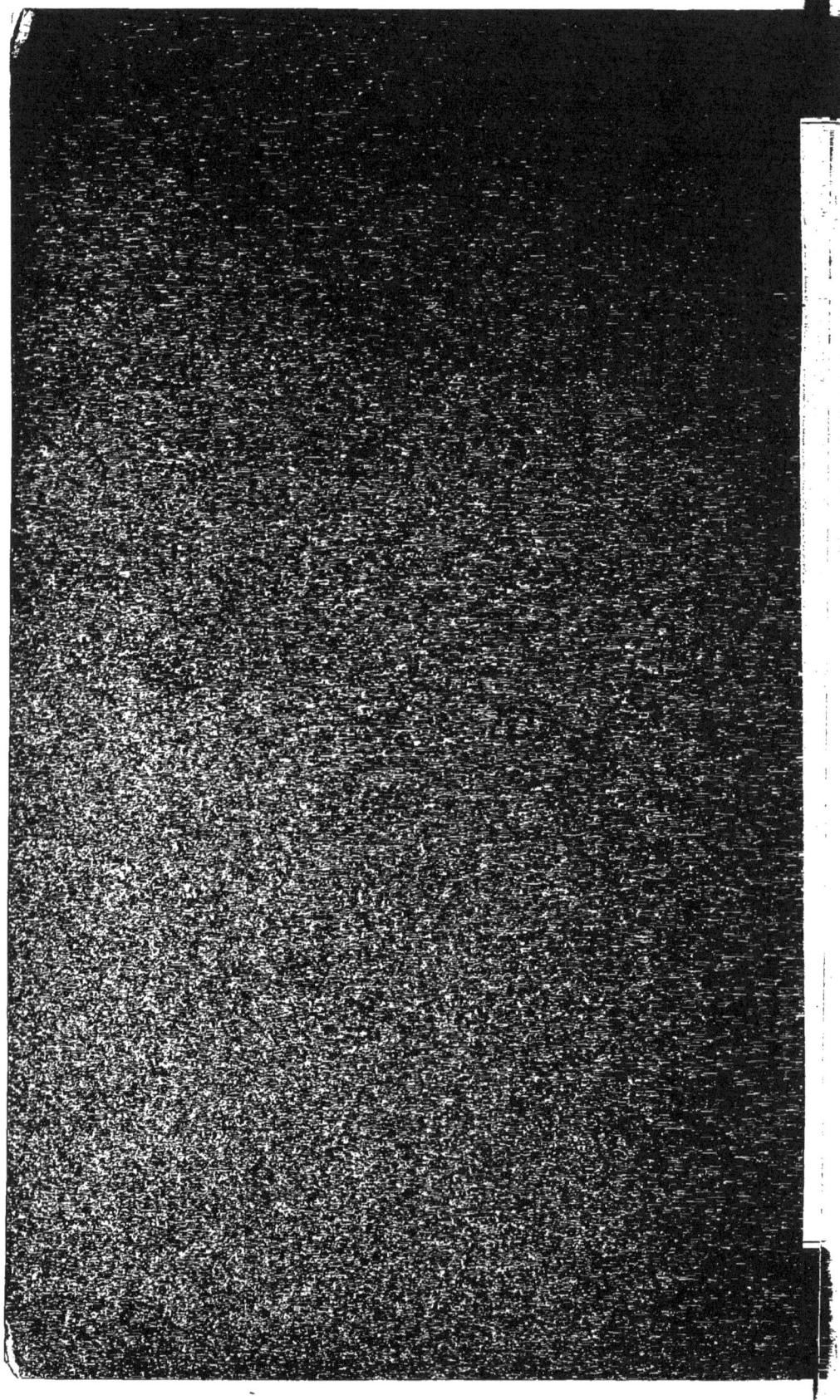

www.ingramcontent.com/pod-product-compliance
Lightning Source LLC
Chambersburg PA
CBHW071240200326

41521CB00009B/1557